新时代多领域安全工程管理实践研究

于宏坤 著

团结出版社
UNITY PRESS

© 团结出版社，2024 年

图书在版编目（ＣＩＰ）数据

新时代多领域安全工程管理实践研究 / 于宏坤著
. -- 北京：团结出版社，2024.8
ISBN 978-7-5234-1005-9

Ⅰ.①新… Ⅱ.①于… Ⅲ.①安全工程 – 风险管理 –
研究 Ⅳ.① X93

中国国家版本馆 CIP 数据核字 (2024) 第 099678 号

责任编辑：韩　旭
封面设计：司　晨

出　　版：团结出版社
　　　　　（北京市东城区东皇城根南街 84 号　邮编：100006）
电　　话：（010）65228880　65244790
网　　址：http://www.tjpress.com
E-mail：zb65244790@vip.163.com
经　　销：全国新华书店
印　　装：武汉鑫佳捷印务有限公司

开　　本：170mm×240mm　　16 开
印　　张：12.625　　　　　　字　数：200 千字
版　　次：2024 年 8 月　第 1 版　　印　次：2024 年 8 月　第 1 次印刷

书　　号：978-7-5234-1005-9
定　　价：72.00 元

简 介

　　《新时代多领域安全工程管理实践研究》旨在探讨粉尘爆炸安全与防护的关键问题，涵盖了从基础理论到实践应用的多个方面。本书首先介绍了粉尘的基本性质与特性，包括其定义、分类、形成来源以及与爆炸安全的关系。随后深入探讨了粉尘的燃烧与爆炸机理，包括燃烧过程、发生条件、化学反应和能量释放等方面。在此基础上，本书系统地总结了粉尘爆炸防护技术，包括预防性措施、爆炸隔离、惰化与抑制技术以及安全防护装备与设施。此外，本书还探讨了粉尘爆炸风险评估与管理的方法与实践，以及粉尘爆炸事故案例分析、监测与检测技术、新技术与新材料在粉尘爆炸防护中的应用等内容。通过对这些关键问题的研究，本书旨在为安全工程管理实践提供理论支持和技术指导，以确保各行各业在粉尘环境中工作时能够有效预防和应对粉尘爆炸安全风险。

前言

在当今社会，随着工业化和城市化进程的加快，各种安全隐患也随之增多，给人们的生命财产安全带来了严重威胁。其中，粉尘爆炸作为一种常见但危险性极高的安全隐患，已经引起了广泛的关注。粉尘爆炸不仅在化工、粮食加工等特定行业频繁发生，而且在建筑工地、工厂车间等各类场所都可能存在潜在的风险。因此，加强对粉尘爆炸安全管理的研究和实践具有重要的现实意义。

《新时代多领域安全工程管理实践研究》就是针对粉尘爆炸安全问题展开深入探讨的产物。本书旨在系统总结粉尘爆炸的基本性质与特性、燃烧与爆炸机理、防护技术、风险评估与管理、事故案例分析以及监测检测技术等多个方面的理论和实践经验，为各行各业提供科学的安全管理指导和技术支持。

首先，本书在第一章中介绍了粉尘爆炸安全管理研究的背景和意义，阐明了加强粉尘爆炸安全管理的紧迫性，同时明确了本书的研究目的和范围。第二章至第八章分别从粉尘的基本性质与特性、燃烧与爆炸机理、防护技术、风险评估与管理、事故案例分析以及监测检测技术等多个角度对粉尘爆炸安全管理进行了系统深入的探讨与研究。其中，通过对历史文献的综述和现有研究成果的分析，为读者提供了一系列科学的管理方法和实用的技术手段。

特别值得一提的是，本书还着眼于建筑工程领域，对建筑工程安全管理与施工安全防护进行了专门的讨论，进一步丰富了内容，使得本书更具实践指导意义。

通过本书的阅读，相信读者能够对粉尘爆炸安全管理有更深入地理解，掌握相关理论知识和实践技能，从而更好地预防和应对粉尘爆炸安全风险，确保各行各业的生产经营活动安全稳定进行。同时，本书也希望能够为相关领域的学者和从业者提供参考，促进粉尘爆炸安全管理领域的进一步研究和实践。

编者

2024.4

目 录
CONTENTS

同时，

第一章 导论

第一节 研究背景与意义

随着现代工业化和城市化进程的加速推进，粉尘爆炸作为一种严重的安全隐患已经成为工业生产、建筑施工等领域中的一大威胁。粉尘爆炸事件频繁发生，不仅给人们的生命财产安全带来了极大的威胁，也给社会经济发展造成了不可忽视的损失。尤其是在化工、粮食加工、制药等行业，粉尘爆炸的风险更是时刻存在，一旦发生事故，可能导致严重的人员伤亡和财产损失。因此，加强对粉尘爆炸安全问题的研究和管理，对于保障工作场所的安全稳定、维护人员生命财产安全具有重要的现实意义和深远影响。

粉尘爆炸的危害性主要表现在其爆炸过程中释放的大量能量，以及由此产生的爆炸冲击波和火焰。在封闭或半封闭的工作环境中，一旦粉尘积累到一定程度，遇到火源或高温点燃时，就可能引发剧烈的爆炸，造成周围环境的瞬间破坏和火灾扩散。此外，粉尘爆炸还可能导致工作设备的损坏，生产线的中断，甚至对环境造成严重的污染，给企业生产和社会稳定带来不可预测的后果。因此，深入研究粉尘爆炸的成因和机理，探索有效的防护措施，对于减少粉尘爆炸事故的发生，维护工作场所的安全稳定，具有至关重要的意义。

在这一背景下，开展粉尘爆炸安全工程管理实践研究，不仅是对当前安全形势的迫切回应，也是为未来安全发展提供的重要保障。通过深入分析粉尘爆炸的特性和危害，探索防护技术和管理策略，可以有效地提升各行业对粉尘爆炸安全问题的认识和应对能力。此外，建立科学合理的粉尘爆炸风险评估和管理体系，制定应急响应预案，对于提高事故应对能力、降低事故损失具有重要意义。更进一步地，通过研究新技术与新材料在粉尘爆炸防护中的应用，不断完善防护体系，提高防护水平和管理效率，为相关行业的安全发展提供坚实保障。

因此，粉尘爆炸安全工程管理实践研究具有重要的学术价值和深远的社会影响。通过全面系统地研究和探讨，我们可以不断完善相关管理制度和技术标准，提高工作安全水平，减少事故发生率，为社会的安全稳定和经济可持续发展作出积极贡献。

第二节　研究目的与范围

本研究旨在全面系统地探讨粉尘爆炸安全工程管理实践，从基础理论到应用技术，从管理策略到实际操作，形成一套科学、实用的管理体系，以有效预防和控制粉尘爆炸事故的发生，保障人员生命财产安全。

首先，我们将分析粉尘爆炸的基本特性和成因，深入探讨粉尘与爆炸安全的关系，为粉尘爆炸安全管理提供理论基础。随后，我们将研究粉尘爆炸的燃烧与爆炸机理，分析其发生条件和化学反应过程，揭示粉尘爆炸的内在规律。

在此基础上，我们将总结粉尘爆炸防护技术，包括预防性措施、爆炸隔离、惰化与抑制技术等，探讨其在实际工程中的应用效果。同时，我们还将探讨粉尘爆炸风险评估与管理方法，建立科学合理的风险评估体系，制定有效的应急响应措施。另外，我们将分析粉尘爆炸事故案例，总结事故原因和教训，为类似事故的预防提供经验借鉴。同时，我们将探讨粉尘爆炸监测与检测技术，包括粉尘浓度监测、爆炸危险性检测等，提高对粉尘爆炸风险的识别和监控能力。

另一方面，我们将研究新技术与新材料在粉尘爆炸防护中的应用，包括先进的检测监控技术、防护材料与装备，以及人工智能和大数据在粉尘安全管理中的应用，不断提升防护水平和管理效率。在建筑工程领域，我们将探讨建筑工程安全管理机构设置、安全管理人员职责、项目安全控制与管理、施工安全防护等内容，为建筑行业的安全管理提供专业指导。

本研究的范围涵盖了从粉尘爆炸的基本性质到防护技术、风险管理、事故案例分析、监测检测技术以及新技术应用等多个方面。通过全面系统地研究粉尘爆炸安全工程管理实践，旨在为相关行业提供科学的理论指导和实用的技术支持，提高工作安全水平，减少事故发生率，促进安全生产的持续健康发展。

第三节　文献综述

一、粉尘爆炸安全工程管理的研究综述

在过去数十年间，关于粉尘爆炸安全工程管理的研究已经取得了显著进展，引起了广泛的学术关注和实践探讨。学者们通过深入的实验研究和理论分析，对粉尘爆炸的基本性质与特性展开了深入探讨。首先，他们对粉尘的定义、分类以及形成来源进行了详尽的分析，深入探讨了不同类型粉尘的物理和化学特性，为理解粉尘爆炸机理奠定了重要基础。这些研究成果不仅丰富了粉尘爆炸的基础理论，还为预防和防范粉尘爆炸提供了重要的理论指导。

在粉尘爆炸机理方面，学者们的研究重点集中在粉尘燃烧的基本过程、爆炸发生条件、化学反应和能量释放等方面。通过实验验证和理论分析，他们揭示了粉尘爆炸的内在规律和影响因素，为制定粉尘爆炸的预防和控制策略提供了重要依据。此外，学者们还通过对粉尘爆炸防护技术的研究，包括预防性措施、爆炸隔离、惰化与抑制技术等方面的探索，不断提高了粉尘爆炸的防范水平和防护效果。这些研究成果在工程实践中得到了广泛应用，为各行业的安全生产提供了重要支撑。

然而，尽管取得了显著成果，粉尘爆炸安全工程管理实践仍然面临着诸

多挑战和问题。例如，在粉尘爆炸的监测与检测技术方面，目前存在着技术手段不足、监测手段落后等问题，需要进一步加强研究与改进。此外，粉尘爆炸风险评估与管理方法的标准化和规范化程度还有待提高，以确保风险评估的科学性和准确性。因此，本研究将继续在前人的基础上，进一步探索粉尘爆炸安全管理的新方法和新技术，不断提升工作安全水平，为实现安全生产和可持续发展做出更大的贡献。

二、煤尘爆炸机理的研究

煤尘爆炸过程比较复杂，受大量物理因素的影响。其中对于煤尘爆炸机理的研究，多数研究成果认为在煤细碎成煤尘后，因比表面积的增大，提高了化学活性及氧化产热的能力，当煤尘在外界热源的作用下，温度升高至 300~400℃时，煤尘颗粒就能析出可燃气体，形成气体外壳包裹住煤尘颗粒，在可燃气体浓度达到一定值并吸收足够能量后，链式反应开始，此时会产生大量的自由基，发生尘粒的闪燃，释放热量并传递给周围的煤尘颗粒，并参与链式反应，燃烧反应加剧并循环下去，当达到某种极限条件时，煤尘就从燃烧发展成为爆炸。其中，决定煤尘爆炸性的主要因素是挥发分，并且以10% 的挥发分含量作为一个界限值，超过 10% 的煤尘具有爆炸性。

AndrewsG.E[1] 将煤看成由 C、H、O、N、S 等化学元素组成，假设煤尘与空气完全反应，根据生成产物推导出煤尘爆炸的当量比 [2]。但在实际发生的爆炸反应中，只有部分煤尘参与反应，煤尘爆炸反应不完全，依然根据这个公式推出当量比浓度，该结果可作为后续研究的定量依据。[3]

司荣军[4]、李润之通过理论分析和实验测试，认为由热反应和链式反应共

① Andrews G E, Phylaktou H N. Explosion safety [M]. Handbook of combustion, 2010.

② Medina C H, Mac Coitir B, Sattar H, et al. Comparison of the explosion characteristics and lame speeds of pulverised coals and biomass in the ISO standard 1 m3 dust explosion quipment [J]. Fuel, 2015, 151: 91-101.

③ 李润之 . 瓦斯爆炸诱导沉积煤尘爆炸的研究 [D]. 重庆: 煤炭科学研究总院, 2007.

④ 司荣军 . 矿井瓦斯煤尘爆炸传播规律研究 [D]. 青岛: 山东科技大学, 2007.

同造成的煤尘爆炸是一种非均质反应，在反应过程中的主要扬尘动力是气动阻力 Saffman 升力。

Krazinski 等[①]指出煤尘燃烧是一个非常复杂的物理化学变化过程，其中包括挥发分析出及反应、固相破碎、非均相表面反应以及其它理化变化。在燃烧过程中，煤尘颗粒并未直接收缩成球形，而是燃烧从内部进行而形成空心状，并指出燃烧火焰的加热作用影响到煤尘的燃烧过程和挥发分种类。此外，以层流火焰传播模型来分析煤尘 / 空气混合物燃烧，此模型考虑了两相流守恒方程、辐射热传递、煤尘颗粒的非均质汽化以及挥发分析出及燃烧。

徐丰等[②]利用球形装置，进行了大量的实验测试和理论分析，分析诸多实验条件及复杂因素（如煤粉因不均匀混合产生的不充分燃烧、相变化、湍流、充分燃烧、热力学）影响下的煤粉爆炸变化规律，以此来阐述煤粉爆炸机理，得出的计算结果与实验结果基本吻合。

来诚峰等[③]分析了煤尘爆炸机理，从煤尘挥发分对爆炸强度的影响、煤尘爆炸前后工业分析和 SEM 分析比较中得出，由于挥发分的析出和燃烧而导致煤尘爆炸。释放的挥发分在煤尘爆炸过程参与多个化学反应，从而造成煤尘爆炸，但是在发生的爆炸中仅有少部分煤尘颗粒参加了反应。即煤尘爆炸本质上属于气相爆炸，但比气相复杂。

赵江平等[④]运用热爆炸理论分析粉尘爆炸，得出粉尘粒径与爆炸下限之间存在某种线性关系，并以此来反证运用该理论阐述粉尘爆炸行为。

李庆钊等[⑤]研究了煤尘以及瓦斯－煤尘两相混合物的爆炸特性，探讨了煤

① Krazinski J L, Buckius R O, Krier H. Coal dust flames: A review and development of a model for flame propagation [J]. Progress in Energy and Combustion Science, 1979, 5（1）: 31–71.

② 徐丰，浦以康，赵烈，等．球型封闭容器内一个简单的煤粉燃烧爆炸模型 [J]. 爆炸与冲击，1998, 18（2）: 111–117.

③ 来诚峰，段滋华，张永发，等．煤粉末的爆炸机理 [J]. 爆炸与冲击，2010, 30（3）: 325–328.

④ 赵江平，王振成．热爆炸理论在粉尘爆炸机理研究中的应用 [J]. 中国安全科学学报，2004, 14（5）: 80–83.

⑤ 李庆钊，翟成，吴海进，等．基于 20L 球形爆炸装置的煤尘爆炸特性研究 [J]. 煤炭学报，2011, 36（s1）: 119–124.

尘爆炸生成固体产物的表面特征。并通过观察颗粒的着火现象分析煤尘的爆炸机理，得出有气相着火机理和表面非均相着火机理。对比分析了煤尘的爆炸过程与燃烧过程，得出两种过程均包含了挥发分气体的析出与燃烧以及固体碳的非均相燃烧两个典型性过程。

Amyotte[①] 提出粉尘爆炸研究成果存在的理解误区，并指出粉尘爆炸研究的实际情况与理论分析中假设的理想状态很不相同，因此，应继续加深对粉尘爆炸机理的研究。

---

① Amyotte P R. Some myths and realities about dust explosions [J]. Process Safety and Environmental Protection, 2014, 92（4）: 292–299.

第二章　粉尘的基本性质与特性

第一节　粉尘的定义与分类

一、对粉尘的概念界定

粉尘是指固体颗粒在空气中悬浮的微小颗粒，其直径通常在几微米至数百微米之间。这些微小颗粒可能来自多种不同的物质，如岩石、金属、有机物等，其产生过程涉及物质的破碎、磨损、挥发等。在工业生产、建筑施工、农业作业等领域，粉尘作为一种常见的颗粒物质，广泛存在于生产过程中。其特点包括具有悬浮性、颗粒细小、易扩散等，使得粉尘在空气中能够长时间停留并传播至远处。这些特性使得粉尘对人体健康和环境造成潜在危害。粉尘的危害主要表现在其对人体呼吸系统的影响，长期暴露于粉尘环境中可能引发呼吸道疾病、过敏反应甚至致癌。此外，粉尘还可能在一定条件下引发火灾或爆炸，对人员安全和设施造成威胁。因此，对粉尘的来源、特性及其潜在危害进行全面了解和研究，对于制定有效的防护措施、改善工作环境质量具有重要意义。通过科学地管理和控制，可以减少粉尘对人体健康和环境的不良影响，保障生产和生活的安全与健康。

二、粉尘的分类方法及其特点

（一）根据特征分类

在大气污染控制中，粉尘微粒的大小是一项关键的分类标准。根据其粒径的不同，可以将粉尘微粒分为飘尘、降尘和总悬浮微粒三类。

1. 飘尘（PM10）

飘尘是指大气中粒径小于 10 微米（μm）的固体微粒。这些微粒具有轻质，因此在大气中能够长时间漂浮而不易沉降。飘尘的来源多样，包括工业排放、交通尾气、建筑施工、农业活动等。由于其微小的粒径，飘尘可以轻易进入人体呼吸道，对健康造成潜在的威胁。飘尘也是造成雾霾和空气污染的重要成分之一。

2. 降尘

降尘是指大气中粒径大于 10μm 的固体微粒。由于其较大的粒径，降尘能够在重力作用下较快地沉降到地面，因此在空气中的停留时间相对较短。降尘的主要来源包括土壤飞扬、建筑工地的扬尘、风扬沙尘等。虽然降尘不会像飘尘那样长时间悬浮在空气中，但在特定环境下仍然可能对空气质量产生影响。

3. 总悬浮微粒（TSP）

总悬浮微粒是指大气中粒径小于 100μm 的所有固体微粒的总和。这类微粒包括了飘尘和降尘，以及其他粒径在 10μm 至 100μm 之间的微粒。TSP 是衡量大气污染程度的重要指标之一，它反映了大气中所有可悬浮微粒的总量，直接关系到空气质量的好坏。

在大气污染治理中，对不同类型的粉尘微粒采取相应的防治措施至关重要。针对飘尘，需要加强工业、交通和农业等领域的排放控制，减少粉尘的产生。对于降尘，可以通过合理的土地管理、植被覆盖和防风固沙等方式减少其产生。而对于 TSP，则需要综合考虑各种因素，采取综合性的大气污染治理措施，以提升空气质量，保障公众健康。

（二）专业术语

1. 粉体

粉体是指固体物质的细小颗粒，通常由大量的微观粒子组成。这些微观粒子的尺寸通常在纳米到数百微米之间。粉体的特性取决于其颗粒的大小、形状、分布以及固体物质的性质。在工程和工业中，粉体通常被用于制备材料、生产制品以及实现各种工艺过程。粉体工程是研究和处理粉体的科学和技术领域，涉及粉体的生产、处理、输送、储存以及应用等方面。粉体工程的研究内容包括粉体的流动性、压实性、分散性、粘附性等特性，以及粉体在不同工艺中的行为和性能。

2. 粉尘

粉尘是在机械过程（如破碎、筛分、运输等）中产生的微细固体颗粒，它们能够在气体中悬浮一定时间。粉尘的粒径范围很广，从细小的 $1/10\mu m$ 到数百微米不等。粉尘的产生主要源于工业生产、建筑施工、农业作业等过程，对人类健康和环境造成威胁。在环境保护和职业卫生方面，粉尘的控制和治理是一项重要任务。采取有效的控制措施，如改善工艺流程、使用粉尘收集设备、加强通风换气等，可以有效降低粉尘对环境和人体健康的影响。

3. 烟尘

烟尘是因物理化学过程而产生的微细固体颗粒，在冶炼、燃烧、金属焊接等过程中形成。烟尘通常具有较细的粒径，在 $1\mu m$ 以下。烟尘的产生主要与燃烧和加热过程中的气体凝结和固体颗粒的形成有关。烟尘污染对环境和人类健康造成严重影响。大量的烟尘排放会导致空气污染，影响大气可见度，同时对呼吸系统造成损害，引发呼吸道疾病和心血管疾病等健康问题。

4. 烟雾

烟雾是由燃烧草料、木柴、油、煤等燃料产生的黑烟，通常含有大量的颗粒物和有害气体。烟雾的粒径很细，甚至在 $0.5\mu m$ 以下，因此具有较高的悬浮性和渗透性。烟雾不仅会污染空气，影响环境质量，还会对人类健康造成严重危害。吸入烟雾中的颗粒物和有害气体会导致呼吸系统疾病、心血管疾病等健康问题，严重时甚至危及生命安全。

5. 粉末

粉末是指工艺生产中产生的粉料，通常为固体颗粒的集合体。粉末可以是金属粉末、化学物质的粉末、药物的粉末等。粉末广泛应用于各个领域，包括冶金、建筑、化工、医药、食品等行业。在工业生产中，粉末常用于制备材料、生产零部件、涂覆表面等工艺过程中。粉末的特点包括颗粒细小、表面积大、易于加工和成型等。粉末冶金是一种重要的粉体加工技术，通过粉末冶金工艺可以制备各种金属零部件、工具和材料。这种技术通常包括粉末制备、成型、烧结等步骤，能够生产出具有良好性能和复杂形状的零件，被广泛应用于汽车制造、航空航天、电子设备等领域。

（三）按性质分类

按其性质一般分为以下几类：

1. 无机粉尘

（1）矿物性粉尘

矿物性粉尘主要来源于矿石的加工和开采过程。其中，石英粉尘是一种常见的矿物性粉尘，由于其晶体结构稳定，具有极高的耐高温性和化学稳定性，因此在岩石研磨、采矿、石棉制品加工等过程中产生的石英粉尘对工人的健康构成了严重威胁。另外，滑石、煤等矿物也是常见的无机粉尘来源，其产生的粉尘在加工和运输过程中同样会对环境和人体健康造成危害。

（2）金属性粉尘

金属性粉尘主要由金属材料加工过程中产生，包括铁、锡、铝、锰、铅、锌等金属的加工和制备过程。这些金属粉尘在冶炼、铸造、焊接、切割等工艺中产生，具有高度的反应性和导电性，可能引发火灾和爆炸，并对工人的呼吸系统和皮肤造成严重损害。

（3）人工无机粉尘

人工无机粉尘主要是一些工业原料和制品的加工过程中产生的粉尘，如金刚砂、水泥、玻璃纤维等。这些人工无机粉尘在加工和制备过程中可能释放出有害气体和细颗粒物，对工人的健康和安全造成威胁。

2. 有机粉尘

（1）动物性粉尘

动物性粉尘主要源自动物毛发、皮肤、骨质等，在家畜饲养、兽医医疗、皮革加工等行业中常见。这些粉尘可能含有微生物、过敏源等成分，对人体呼吸系统和皮肤产生刺激和过敏反应。

（2）植物性粉尘

植物性粉尘主要来源于植物的花粉、种子、纤维等部分，在农业、食品加工、纺织等领域广泛存在。这些粉尘可能含有花粉、霉菌孢子等过敏源，对呼吸系统和皮肤造成过敏反应。

（3）人工有机粉尘

人工有机粉尘主要由有机化合物的加工和制备过程中产生，如有机农药、有机染料、合成树脂、合成橡胶、合成纤维等。这些粉尘可能含有挥发性有机化合物和致癌物质，对人体健康造成慢性损害和毒性作用。

3. 混合性粉尘

混合性粉尘是由两种或两种以上的物质混合形成的粉尘，常见于工业生产和加工过程中。例如，金属加工过程中产生的金属粉尘可能与润滑剂、冷却液等物质混合形成混合性粉尘。这些混合性粉尘不仅具有单一成分粉尘的危害性，还可能具有化学反应和协同作用，对人体健康和环境造成更严重的影响。

第二节　粉尘的形成与来源

一、粉尘的产生原理

粉尘几乎到处可见。土壤和岩石风化后分裂成许多细小的颗粒，它们伴随着花粉，孢子以及其他有机颗粒在空中随风飘荡。除此之外，许多粉尘乃是工业和交通运输发展的副产品；烟囱和内燃机排放的废气中也含有大量的粉尘。

1. 机械加工或粉碎

这是粉尘产生的常见原因之一。在工业生产中，固体物质如金属、矿石、石材等经过机械加工或粉碎过程，如研磨、切削、钻孔、爆破、破碎、磨粉等，会产生大量细小颗粒的粉尘。这些颗粒被机械作用剥离、碎裂、摩擦而飞散到空气中，成为粉尘的来源。

2.热加工过程

在物质加热时，蒸汽或气体在空气中冷却或氧化后会形成固体颗粒，这些颗粒也是粉尘的一种来源。例如，金属熔炼、焊接、浇铸等热加工过程中，金属的氧化物和蒸汽会凝结成微小的颗粒，形成烟尘。

3.不完全燃烧产生的颗粒

有机物质如木材、油、煤等在燃烧过程中，如果燃烧不完全，会产生大量的烟尘。这些烟尘是由未完全燃烧的碳和其他有机物质的微粒组成，其产生通常与燃料的质量、燃烧温度和氧气供应等因素有关。

4.工业生产过程中的操作和运动

在工业生产中，诸如铸件的翻砂、清砂、过筛、包装、搬运等操作和运动过程中，会产生粉状物质的飞扬。此外，沉积在设备和环境表面的粉尘，受到振动或气流的影响，也会重新悬浮于空气中，形成二次扬尘，成为粉尘的来源之一。

这些粉尘产生原理涵盖了工业生产、机械加工、热加工、燃烧过程等多个领域，其产生不仅对环境造成污染，也会对人体健康造成威胁。因此，在工业生产和日常生活中，需要采取有效的控制措施，减少粉尘的产生和扩散，保护环境和人体健康。

二、不同来源的粉尘特性分析

不同来源的粉尘具有各自特有的特性，这些特性直接影响着粉尘的危害程度和防护措施的选择。主要来源包括矿物粉尘、金属粉尘和生物性粉尘等，它们的特性分析如下：

（一）矿物粉尘

矿物粉尘主要来源于矿石、岩石等矿物的破碎、研磨和加工过程。其特性包括：

1.颗粒硬度大

矿物粉尘中的颗粒通常具有较高的硬度，这是由于矿石、岩石等原始材料的物理性质所决定的。这种硬度使得矿物粉尘在机械加工和运输过程中不容易破碎，这也是矿山行业中设备磨损较为严重的原因之一。因此，在矿山作业中，对于设备的维护和保养至关重要，以减少因磨损带来的生产成本增加和安全隐患。

2. 颗粒尺寸较大

相比其他类型的粉尘，矿物粉尘的颗粒尺寸通常较大。这使得它们在空气中的悬浮时间相对较短，也更容易被人体的呼吸道过滤器所阻挡。然而，尽管其颗粒尺寸较大，但矿物粉尘仍然会在一定程度上进入人体呼吸系统，对呼吸道和肺部造成损害。长期暴露于矿物粉尘中可能导致职业性肺部疾病，如硅肺，对工作者的健康构成严重威胁。

3. 含硅酸盐成分多

常见的矿物粉尘如石英粉尘、石灰石粉尘等含有大量的硅酸盐成分。硅酸盐是一种常见的矿物组成，但长期暴露于含有高浓度硅酸盐的矿物粉尘中会导致硅肺等职业性疾病的发生。硅肺是一种由于长期吸入二氧化硅颗粒而引起的肺部纤维化疾病，严重影响呼吸系统的功能。

（二）金属粉尘

金属粉尘主要来源于金属材料的加工、切削、研磨等过程。其特性包括：

1. 导电性和热导性强

金属粉尘通常具有良好的导电性和热导性，这使得它们在机械加工过程中易于产生静电。在一些情况下，金属粉尘的积聚和静电可能引发火灾或爆炸事故。特别是在有易燃气体存在的环境中，金属粉尘的爆炸风险更加严重。因此，在金属加工车间中，需要采取相应的防静电措施，如接地设备和防爆设备，以降低火灾和爆炸的风险。

2. 易燃易爆

金属粉尘与氧气接触时容易发生燃烧反应，而且其燃烧速度通常较快。因此，金属粉尘具有较高的火灾和爆炸危险性。在金属加工车间中，需要注意防火防爆，采取措施确保工作环境中的金属粉尘无法与氧气发生燃烧反应，从而降低火灾和爆炸的风险。

3.皮肤和呼吸系统刺激性

金属粉尘对人体的皮肤和呼吸系统具有一定的刺激性。在工作中长时间暴露于金属粉尘环境中，可能导致工作者的皮肤产生过敏反应，并引发皮肤炎症等问题。同时，金属粉尘也会被吸入到呼吸系统中，对呼吸道产生刺激作用，可能引发呼吸道炎症、咳嗽、气喘等呼吸系统疾病。因此，需要采取有效的个人防护措施，如佩戴防尘口罩、穿戴防护服等，减少金属粉尘对皮肤和呼吸系统的刺激。同时，定期进行工作场所的清洁和通风，有效控制金属粉尘的扩散，也是保护工作者健康的重要举措。

（三）生物性粉尘

生物性粉尘主要来源于植物、动物等生物体的腐烂、分解过程。其特性包括：

粉尘对人体的危害程度与其理化性质有关，与其生物学作用及防尘措施等也有密切关系。在卫生学上，常用的粉尘理化性质包括粉尘的化学成分、分散度、溶解度、密度、形状、硬度、荷电性和爆炸性等。

1.粉尘的化学成分

粉尘的化学成分、浓度和接触时间是直接决定粉尘对人体危害性质和严重程度的重要因素。根据粉尘化学性质不同，粉尘对人体可有致纤维化、中毒、致敏等作用，如游离二氧化硅粉尘的致纤维化作用。对于同一种粉尘，它的浓度越高，与其接触的时间越长，对人体危害越重。

2.分散度

粉尘的分散度是表示粉尘颗粒大小的一个概念，它与粉尘在空气中呈浮游状态存在的持续时间（稳定程度）有密切关系。在生产环境中，由于通风、热源、机器转动以及人员走动等原因，使空气经常流动，从而使尘粒沉降变慢，延长其在空气中的浮游时间，被人吸入的机会就越多。直径小于5μm的粉尘对机体的危害性较大，也易于达到呼吸器官的深部。

3. 溶解度与密度

粉尘溶解度大小与对人危害程度的关系，因粉尘作用性质不同而异。主要呈化学毒副作用的粉尘，随溶解度的增加其危害作用增强；主要呈机械刺激作用的粉尘，随溶解度的增加其危害作用减弱。

粉尘颗粒密度的大小与其在空气中的稳定程度有关。尘粒大小相同，密度大者沉降速度快、稳定程度低。在通风除尘设计中，要考虑密度这一因素。

4. 形状与硬度

粉尘颗粒的形状多种多样。质量相同的尘粒因形状不同，在沉降时所受阻力也不同，

因此，粉尘的形状能影响其稳定程度。坚硬并外形尖锐的尘粒可能引起呼吸道黏膜机械损伤，如某些纤维状粉尘（如石棉纤维）。

5. 荷电性

高分散度的尘粒通常带有电荷，与作业环境的湿度和温度有关。尘粒带有相异电荷时，可促进凝集、加速沉降。粉尘的这一性质对选择除尘设备有重要意义。荷电的尘粒在呼吸道可被阻留。

6. 爆炸性

高分散度的煤炭、糖、面粉、硫磺、铝、锌等粉尘具有爆炸性。发生爆炸的条件是高温（火焰、火花、放电）和粉尘在空气中达到足够的浓度。

三、城市建设中的粉尘污染挑战

在城市建设过程中，建筑施工、道路拓展、土地开发等活动会产生大量的粉尘，这些粉尘来源广泛，包括但不限于挖掘、运输、搅拌、装卸等多种作业。这些粉尘不仅污染了周围环境和空气，对居民健康造成了严重威胁，同时也影响了城市的生态环境质量。特别是在大城市和新兴城镇的建设过程中，这种问题更加突出，对城市环境质量和居民健康构成了严峻挑战。根据相关统计数据显示，我国城市建设的规模不断扩大，城市化进程加速推进。大量的建筑施工、路面拓展等活动导致了粉尘污染问题日益突出。据环保部门统计，全国各地城市每年因粉尘污染导致的呼吸道疾病患者数量呈上升趋

势，这给城市环境和居民健康带来了严重影响，也阻碍了城市的可持续发展。

（一）露天煤矿粉尘产生机理及原因

1.灰尘由自然产生

这类煤尘主要由煤本身燃烧形成的烟气所产生，其中含有大量的烟尘颗粒。该矿区存在着严重的水土流失问题，同时露天植被的覆盖率也相对较低，此外还存在着荒漠化现象。由于恶劣的气候条件，自然扬尘的产生频率极高，难以控制。煤矿所在区域的地质构造和气候环境息息相关。自然粉尘量受到多种因素的影响，包括但不限于采矿地质条件、矿山设计方案以及采矿方法等。随着煤炭露天开采规模的不断扩大，周边地区的生态系统遭受了不可避免的破坏。由于许多矿区位于半荒漠或荒漠地区，其所产生的大量粉尘对脆弱的生态环境造成了进一步的破坏，从而极大地增加了管理的复杂度。在露天煤矿的生产过程中，开采和回填方式的选择以及泥土的排放都会对粉尘的产生造成一定的影响。此外，长期以来，矿区遭受着水土流失和风蚀的双重侵蚀，这是目前一种广泛存在的一个难题。粉尘是露天采矿活动的重要污染物之一，其排放量约占所有矿山总排放量的1/3以上。因此，研究露天矿场环境中粉尘污染状况具有十分重大的意义。

2.生产性粉尘

生产性粉尘在工业生产过程中会产生极大危害，不仅会造成资源浪费和环境污染，还会对人类健康构成严重威胁。生产粉尘的严重程度受到多种因素的直接影响，包括但不限于操作方式、机械设备、生产能力，以及在生产过程中所遇到的岩石性质。在生产过程中要防止物料进入大气而引起粉尘扩散，必须采取有效的防尘罩技术。此外，在露天煤矿的生产作业中，常常需要使用大型机械设备，这些设备的运行过程中会产生大量的粉尘，给生产环境带来了不小的影响。此外，在露天采掘工作中，由于采场周围地面被破坏或倾斜等原因，也容易造成煤石飞溅，对矿工身体健康构成一定威胁。因此，应采取各种措施来降低开采过程中的粉尘浓度。

（二）露天矿粉尘的特性和潜在危害

1. 粉尘的特性

粉尘在形成的过程中具有一些特性，这些特性直接影响着其对环境和人体健康的影响。首先，微小的颗粒物在空气中会形成一层疏水性的空气膜，这种膜使得粉尘能够悬浮在空气中，不易沉降。这种现象主要由于微小颗粒表面的空气膜无法与空气中的水蒸气接触，从而维持了颗粒的悬浮状态。煤炭生产过程中产生的微细颗粒是粉尘的主要来源，其密度大小与粉尘的分散程度和颗粒密度密切相关。

由于微小颗粒的密度相对较小且具有广阔的表面积，使得其能够快速吸收氧分子，进而提高颗粒的氧化程度。当人体进行呼吸时，这些微小颗粒会轻易侵入呼吸道内部，对呼吸系统造成损害，甚至引发炎症或哮喘等呼吸系统疾病。特别是在煤炭采掘和生产过程中，大量微小颗粒在周围空气中扩散，进入矿井后更容易引发职业病，严重威胁工人的健康安全。

此外，粉尘具有自燃的性质，这也是其引起安全隐患的重要因素。随着粉尘表面积的扩大，其氧化反应和释放的热能也会显著增加。粉尘自燃可以分为两种类型，一种是自然生成，即在自然状态下煤炭与空气接触产生的自燃；另一种是外力作用下，煤炭着火后自行引燃导致的自燃。当环境温度高于自燃温度时，无需额外加热即可发生自燃现象，这增加了事故发生的风险。

2. 危害

在实际生产过程中，粉尘对人们生活产生了非常大的影响。粉尘不仅污染了环境，还给矿工和周边居民的健康安全构成了严重的威胁。例如：长期暴露于粉尘中，可诱发各种职业性皮肤病。此外，还会影响身体健康，容易滋生传染病源。

（1）职业病的患病率呈现出明显的上升趋势

粉尘的危害在于其浓度本身以及矿工在高浓度环境下的工作时间，这些因素都会对人体造成潜在的危害。在这样的工作环境中长时间暴露，不断吸入粉尘会对矿工的呼吸系统和自我保护功能造成严重的损害，从而降低工作效率甚至危及生命。因此，必须做好防护措施，避免接触到含有粉尘的灰尘。根据相关的调查和研究，长期暴露于灰尘中的人体，其皮肤病的患病率将显著上升。若未及时进行预防，则很有可能导致各种皮肤疾病如皮肤癌、鼻咽癌等发病；而如果能够有效地控制尘肺的发病率，就能减少患此类病的可能性。

（2）工作时的视野受到限制

随着矿井及交通道路两侧粉尘浓度的不断攀升，作业场所的视野逐渐模糊，对矿工安全生产造成很大威胁。因此，为了确保井下工作人员身体健康，必须采取必要的防护措施，防止发生安全事故。同时，为保证煤矿安全生产提供良好的条件，也应采取有效措施提高劳动安全形势，使之有利于煤矿企业的发展。在设备运行的过程中，由于振动的影响，灰尘也会进入设备内部，从而对设备正常运行造成干扰，严重时会导致机器无法正常运转，甚至可能出现事故，给人们带来重大的经济损失和人身健康损失。通过研究发现，振动是引起设备损坏最主要的原因之一，它将极大地缩短设备的使用寿命，降低设备的安全性，并增加设备的维护成本。

（三）露天煤矿粉尘治理措施

1. 施工期间对空气环境影响进行分析，并加强控制措施

在矿山施工过程中，必须强化对扬尘因素的控制，以保障生产安全、产品质量和资源利用率最大化，最大限度地减少扬尘的产生。扬尘控制涉及现场车辆运输、矿区挖掘、材料装卸、垃圾填埋扬尘以及施工等多个环节，为了减少扬尘对环境的污染，企业首先要在自身作业过程中应当加强现场围堵措施的应用，采用物资集中堆放、上下覆盖的方式进行管理。其次，在运输过程中，必须采取措施最大限度地减少扬尘污染，以确保环境质量的稳定。此外，可充分利用喷头的灌溉功能，有效地治理粉尘，从而进一步提升各种大型机械设备运行中的扬尘控制效能。

2. 运营期间对空气环境影响进行深入的分析和处理，以提升其质量和可持续性

煤炭层的采掘和覆盖是导致矿区扬尘产生的主要因素。粉尘的生成过程涵盖了多个环节，其中包括爆破、岩煤层射孔、物料储存、岩土和原煤的装载、转运以及岩石和原煤的破碎。为了有效降低钻机工作点及周围空气中的粉尘含量，可以通过利用粉尘的吸湿特性，配置相应的抑尘设备来实现治理；比如可以充分考虑差速喷射、喷射孔的网格和气柱的间隔装药等因素，以提高抑尘设置的合理性，并将其与灌水方式和爆破作业量有机结合。通过实施除尘措施，可以最大程度地降低尘源浓度，避免发生大面积的灰雾事故；采用喷雾或其他形式的防尘措施，可使施工环境更加洁净，也能更好地防止尘肺疾病的传播，有效降低机械设备在运行过程中所产生的粉尘，从而提高生产效率；对于封闭的道路，实施定期的灌溉措施，以有效减少在运输过程中产生的扬尘。

3. 控制垃圾填埋场内扬尘的产生

垃圾填埋场的扬尘源头主要在于道路和溢出物，因此需要定期对填埋场内的道路和作业卸料点进行洒水，并及时对裸露的物体进行压碎处理。垃圾填埋场的清洁工作分为两个阶段，首先是对垃圾进行除尘处理，其次是对垃圾填埋场边坡和平台进行除尘。在土壤沉积的过程中，必须对剥离物进行及时碾压和压实，以确保其质量和稳定性。在确保矿区弃土场正常运行的前提下，及时对未被利用的弃土场进行土壤绿化覆盖，以促进生态环境的恢复和改善；确保地面覆盖物的绿化不会对被拆除的物体造成任何不良影响。为确保作业安全，应及时实施分层碾压措施，一旦发生自燃现象，应立即展开钻孔作业。同时及时对边坡进行围垦、植草、植树等改造，以有效减少扬尘和水土流失，从而提高土地质量和环境保护水平。

4. 控制地面交通中扬尘的产生和扩散

卡车作为一种重要的交通工具，其排放出的大量污染物会对环境造成严重污染。据专家测算：每年我国汽车排放量约占世界总排放量的1/3。而卡车是其中最主要的污染源之一。因此需要充分利用卡车运输的机动性和灵活性，以最大限度地减少卡车运输所产生的粉尘和废气，使运输和采矿条件更加合理。为了有效控制货车尾气和扬尘量，必须在道路养护方面下足功夫，确保路面平整完整。优化运输路径，强化公路路政管理，严格按照国家相关法规要求完成车辆技术状态检查与维护工作。对于高速公路上行驶的重型柴油车要严格执行环保标志标识制度，对于巷道的定期清理，要先进行清扫，然后再进行洒水的操作。

5. 实施扬尘控制技术方案

为了加强粉尘治理，必须对露天煤矿的开采工艺和生产设备进行全面升级和优化。为了最大程度地减少操作人员接触粉尘，可以运用计算机控制、远程控制以及空间监控等多种应用手段；为了最大程度地减少粉尘的释放，可以运用真空抽砂和风运等高效方法；为了降低铸造过程中产生的粉尘危害，可以采用低硅石灰石替代硅砂作为材料。另外，为了最大程度地减少粉尘飞扬，降低粉尘浓度，可以选择在露天采矿区域安装自动喷枪或喷粉装置。此外，为避免因施工造成现场污染，还可以采取一些其他防尘技术。对于那些无法使用湿式作业的场所，可以采用结合局部通风和密闭尘源的方法，通过密闭通风除尘的方式，有效地遏制粉尘外溢的现象。

开采露天煤矿所需的作业数量众多，覆盖的面积也相当可观。由于扬尘的形成机制错综复杂，因此对其进行防治变得异常棘手，防治工作也变得异常繁琐。加强对作业过程中扬尘产生机理的深入研究，并采取相应的防治措施，以提高空气质量。这不仅关系到矿山自身的经济效益以及社会效益，更关系到我国能源战略能否实现。

第三节　粉尘的物理与化学特性

一、粉尘的物理性质

粉尘是由微小的颗粒组成的固体物质，具有多种物理性质，包括密度、流动性、黏着性、荷电性和湿润性等。这些性质直接影响着粉尘在空气中的传播、沉积和处理方式，对工业生产和环境保护都具有重要意义。

（一）粉尘密度

粉尘密度是指粉尘所具有的质量和体积之间的关系，主要包括真密度和堆积密度两种。

1. 真密度

粉尘的真密度是指粉尘本身的密度，不考虑粉尘之间的间隙。它是通过实验测量粉尘样品的质量和体积来确定的。精密度的测量对于确定粉尘的成分和性质具有重要意义，可以帮助分析粉尘的成分、结构和物理特性。通过了解粉尘的真密度，可以更好地理解其在空气中的行为和影响，为粉尘的控制和管理提供基础数据和参考依据。

2. 堆积密度

粉尘的堆积密度是指单位体积的质量，通常用于计算粉尘的容积。在实际生产和工程应用中，通常使用堆积密度来描述粉尘的密度特征，因为它直接影响着粉尘在空气中的扩散和沉积速度。堆积密度的大小取决于粉尘颗粒之间的间隙和排列方式，颗粒之间的相互作用、形状和大小都会影响堆积密度的结果。了解粉尘的堆积密度有助于优化粉尘处理和输送系统的设计，提高粉尘处理效率和生产效率。

粉尘密度是评价粉尘特性和处理方法的重要参数之一，它直接影响着粉尘在空气中的传播、扩散和沉积过程。通过对粉尘密度的研究和分析，可以更好地理解粉尘的行为规律，为粉尘的控制和管理提供科学依据和技术支持。

（二）粉尘流动和摩擦性质

粉尘在处理和输送过程中的流动和摩擦性质对于设备设计和操作具有重要影响，主要包括安息角、内摩擦角、滑动角和磨损性。

1. 安息角

安息角是指粉尘堆积的最大坡度角度，通常在20°~50°之间。安息角的大小反映了粉尘的流动性，即粉尘在不同表面上的稳定性。较小的安息角表示粉尘堆积较为不稳定，容易发生坍塌和流动；而较大的安息角则表示粉尘堆积较为稳定，不容易移动。了解粉尘的安息角有助于设计粉尘处理设备，如料仓、料斗等，以确保粉尘的稳定存储和输送。

2.内摩擦角

内摩擦角是指粉尘颗粒之间的摩擦产生的阻力。它影响着粉尘在管道中的流动，决定了粉尘在输送系统中的阻力大小。内摩擦角越大，粉尘颗粒之间的摩擦力越大，粉尘在管道中的阻力就越大，需要消耗更多的能量来推动粉尘的流动。因此，在设计输送系统时，需要考虑内摩擦角的影响，选择合适的管道材料和设计合理的管道结构，以降低输送系统的能耗和维护成本。

3.滑动角

滑动角是指粉尘在倾斜表面上开始流动的角度。合适的滑动角可以减少粉尘的堆积和结垢，保持输送系统的畅通和高效运行。在设计灰斗、溜槽和气力输送系统时，需要根据粉尘的滑动角选择合适的表面倾斜角度，以确保粉尘的顺利流动和排放。

4.磨损性

粉尘的磨损性是指粉尘颗粒对设备表面的磨损程度。粉尘在流动和输送过程中会与管道、仓储设备等接触，导致设备表面的磨损和磨损。冲击磨损和摩擦磨损是常见的磨损方式，特别是对于硬度较大的粉尘颗粒来说，会导致设备的损坏和寿命缩短。因此，在设计和选择设备材料时，需要考虑粉尘的磨损性，选择耐磨损的材料，并设计合理的防护措施，以延长设备的使用寿命和减少维护成本。

（三）粉尘的黏着性

粉尘的黏着性是指粉尘颗粒之间的相互吸附力，主要包括分子力、毛细黏附力和库仑力等。这些力量的作用导致粉尘颗粒之间发生团聚，形成较大的聚集体，同时也会影响粉尘在表面的附着和沉积行为，对粉尘的处理和清除具有重要的影响。

1.分子力

分子力是指粉尘颗粒之间的吸引力，主要由范德华力引起。当粉尘颗粒之间的距离较小时，范德华力会使它们吸附在一起形成团聚。这种力量通常在极短的距离内作用，对于近距离的粉尘团聚起着重要作用。

2.毛细黏附力

毛细黏附力是指粉尘颗粒与固体表面之间的吸附力，主要由毛细管效应引起。当粉尘颗粒接触到固体表面时，由于表面张力的作用，会产生毛细管效应，使得粉尘颗粒附着在固体表面上。这种黏附力使粉尘颗粒更容易附着在设备表面和管道壁上，形成结垢和堵塞。

3.库仑力

库仑力是指粉尘颗粒之间的电荷作用力，主要由于粉尘颗粒在运动和碰撞过程中获得电荷而产生。正负电荷之间的相互吸引或排斥会影响粉尘颗粒之间的排列和聚集行为，进而影响粉尘的流动性和沉积性。特别是对于具有较高比电阻的粉尘来说，电荷效应会更加显著。

（四）粉尘的荷电性质

粉尘的电荷性是指粉尘颗粒在运动、摩擦、碰撞等过程中所获得的电荷特性。了解粉尘的荷电性质对于选择合适的除尘设备和处理方法具有重要意义，特别是在工业生产和环境保护中。

1.电荷的生成机制

粉尘颗粒在运动、碰撞、摩擦等过程中会失去或获得电子，从而形成正电荷或负电荷。例如，在粉尘颗粒之间的摩擦作用下，电子可能会从一个颗粒转移到另一个颗粒，导致其中一个带正电荷，另一个带负电荷。此外，粉尘颗粒与空气分子碰撞也会导致电荷的转移和积聚。

2.粉尘的电导率

粉尘的电导率是指粉尘颗粒对电流的传导能力。对于具有较高电导率的粉尘，电荷会更容易地被传导和中和，因此对于这类粉尘通常采用电除尘器等设备进行处理。相反，对于电导率较低的粉尘，电荷的积聚会更为显著，可能导致静电放电和火灾爆炸等危险。

3.电除尘器的应用

电除尘器是一种利用电场力将粉尘从气流中去除的设备，它利用粉尘颗粒的荷电性质来实现除尘效果。通过在设备中建立电场，粉尘颗粒在电场力的作用下受到迁移，从而被收集在电极板上。这种方法通常适用于具有一定荷电性的粉尘，如煤粉、水泥粉等。

4.防静电措施

针对具有较高静电荷的粉尘，工业生产中通常采取一系列的防静电措施，如接地装置、防静电涂料、静电消除器等。这些措施可以有效地降低粉尘积聚的静电荷量，减少火灾爆炸等安全风险。

（五）粉尘的湿润性

粉尘的湿润性指的是粉尘颗粒与液体接触时形成的接触角度，通常用湿润角来描述。湿润角越小，粉尘颗粒越容易被液体湿润，而湿润角越大，则表明颗粒的湿润性较差。

1.湿润角的测量和影响因素

湿润角是通过实验方法测量得出的，通常使用接触角仪进行测试。湿润角受到粉尘颗粒表面性质、液体性质以及环境条件等因素的影响。例如，粉尘颗粒表面的化学成分、形状和粗糙度会影响其与液体的接触角度，而液体的表面张力和粘度也会影响湿润角的大小。

2.湿式除尘技术

对于易湿润的粉尘颗粒，湿式除尘技术是一种有效的处理方法。湿式除尘利用水或其他液体将粉尘颗粒吸附或溶解，并通过湿润效应将其固定在水中，从而达到清除粉尘的目的。这种方法适用于一些亲水性较强的粉尘，如水泥、石灰等。

3.粉尘湿润性的影响

粉尘的湿润性影响着其在大气中的行为以及对环境和人体的影响。易湿润的粉尘颗粒在空气中容易形成悬浮颗粒，从而对空气质量造成影响。此外，湿润性较强的粉尘颗粒在与液体接触时容易沉积和固定，从而减少对人体呼吸道的刺激和对环境的污染。

4.湿润性的应用

了解粉尘的湿润性有助于选择合适的除尘方法和环境保护措施。针对易湿润的粉尘，可以采用湿式除尘技术或在工业生产中采取湿工艺，从而减少粉尘的扩散和对环境的影响。此外，在设计除尘设备和防护装置时，也需要考虑粉尘的湿润性，以提高设备的除尘效率和安全性。

二、粉尘的化学性质

（一）粉尘的成分

不同来源的粉尘在其成分上呈现出多样性。例如，煤粉锅炉烟尘主要由燃烧煤炭时产生的气态和固态物质组成。其中，气态物质包括二氧化硫等，而固态物质则包括二氧化硅、三氧化二铝、三氧化二铁、氧化钙、氧化镁等成分。这些固态成分的主要来源是煤中的矿物质，经过燃烧后以固体颗粒的形式排放到空气中。与此相比，重油锅炉烟尘的成分则主要受到燃烧燃油产生的影响。其中，固定炭是燃烧后的残留物，而灰分、挥发分、水、二氧化硫等则是燃烧过程中产生的气态和液态物质。重油锅炉烟尘中的固定炭主要是未完全燃烧的有机物质，而灰分则包括燃烧后残留的无机物质。了解粉尘的成分对于评估其对环境和人体的危害程度至关重要。不同成分的粉尘可能具有不同的毒性和致病性，因此需要针对性地采取相应的防护和控制措施。此外，粉尘成分的分析还有助于确定合适的处理方法，有效减少粉尘对环境的污染。

（二）粉尘的水解性

一些粉尘成分具有水解性，这意味着它们在接触到水分时会发生水解反应，导致粉尘颗粒发生物理性质的改变。这些水解性成分包括硫酸盐、氯化物、氧化锌、氢氧化钙、碳酸钠等。当粉尘中的这些成分与水接触时，会引发水解反应，产生黏稠的液体或糊状物质。例如，硫酸盐的水解反应会产生硫酸溶液，而氯化物的水解则会生成氯化氢酸。氢氧化钙和碳酸钠等碱性成分在接触水后也会发生水解反应，形成碱性溶液。这些水解反应使粉尘颗粒表面附着的液态物质增多，导致粉尘变得黏稠、硬化，甚至形成糊袋。这种现象会严重影响除尘设备的正常运行，甚至导致其失效。

水解性粉尘的产生不仅增加了环境污染的风险，还增加了工作场所的安全隐患。粉尘的黏稠和硬化会降低空气中的粉尘浓度，增加了粉尘对呼吸系统的刺激性，可能导致呼吸道疾病的发生。此外，水解性粉尘在除尘设备内部堆积和结垢，增加了设备的维护难度和成本，同时也会降低设备的运行效率和寿命。

（三）粉尘的爆炸性

在适当的条件下，一些粉尘确实具有爆炸性，这种现象被称为粉尘爆炸。粉尘爆炸通常需要四个关键条件：明火、放电、高温和摩擦。当这些条件同时存在时，粉尘会发生爆炸性反应，释放出大量的能量和热量，导致爆炸事件发生。

明火是引发粉尘爆炸的常见因素之一。当粉尘处于可燃气体的浓度范围内，并与明火接触时，可引发爆炸。放电也是粉尘爆炸的另一个重要因素，例如静电放电或电气设备的电火花可能引发粉尘爆炸。高温是粉尘爆炸的重要条件之一。当粉尘处于高温环境中时，其自身的燃点可能会降低，从而增加了发生爆炸的可能性。摩擦也可以产生高温，并在适当条件下引发粉尘爆炸。在爆炸发生时，需要足够的氧气来支持燃烧反应。因此，粉尘爆炸通常发生在氧气充足的环境中，并且粉尘的浓度必须在可燃范围内才能发生爆炸。

在实际情况中，含灰分少的粉尘更容易在悬浮状态下发生爆炸，因为其颗粒更易于形成可燃性混合物。相比之下，含灰分多的粉尘在高温长期作用下更容易发生燃烧，而不是爆炸。

第四节　粉尘与爆炸安全的关系

一、粉尘爆炸概述

粉尘爆炸的概念是指在一定的条件下，悬浮在空气中的可燃粉尘遇到点火源产生的高能量燃烧，发生爆炸。它是一种在特定条件下由可燃粉尘爆炸源释放能量造成的高能量机械破坏和化学破坏现象。不同粉尘介质可产生不同类型的粉尘爆炸，如：煤、焦炭、木材等可燃性粉尘，硅石、陶土、铝粉、面粉等非可燃性粉尘等。在生产过程中，可燃性粉尘与空气形成爆炸性混合气体，当温度、压力达到爆炸下限（即爆炸下限值）时，发生爆炸。所以它与可燃性物质或非可燃性物质引起的爆炸有着本质的区别，粉尘爆炸性可燃气体的着火温度一般低于着火温度。

二、粉尘与爆炸之间的联系

粉尘与爆炸之间存在着密切的联系。当粉尘在一定条件下与氧气或其他氧化剂混合并形成可燃性混合物时，一旦受到外部火源或高温源的引燃，就可能发生爆炸。这种爆炸在封闭空间内会产生巨大的爆炸压力和火焰，引发严重的人员伤亡和财产损失。

（一）粉尘的燃烧特性

1. 粉尘的作为燃料的特性

粉尘作为燃料具有多样的特性，其燃烧行为受到其来源、化学成分和粒径大小等因素的影响。不同类型的粉尘在燃烧时表现出各自独特的特点，这些特点对于了解粉尘燃烧的机理和预防火灾爆炸具有重要意义。

一是，来自不同来源的粉尘具有不同的燃烧特性。木材粉尘和煤粉等有机物质通常易燃且具有较高的燃烧速度，这是由于它们含有丰富的碳元素，易于在氧气的存在下发生氧化反应产生大量的热能。而金属粉尘则通常需要更高的温度或特定的条件才能发生燃烧，这是因为金属在常温下不易发生氧化反应，需要提供足够的能量才能突破其化学反应的能量。二是，粉尘的化学成分对其燃烧特性有着重要的影响。例如，含有易燃成分的粉尘，如碳、氢等元素的含量较高的有机粉尘，通常具有较高的燃烧活性；而含有金属元素的粉尘，如铁粉、铝粉等，则在空气中不易发生燃烧，需要在较高的温度下才能发生氧化反应。三是，粉尘的粒径大小也会影响其燃烧特性。一般来说，粒径较小的粉尘具有更大的表面积，易于与氧气充分接触，因此在燃烧时往往具有更快的燃烧速度和更高的燃烧活性。相反，粒径较大的粉尘由于表面积相对较小，氧气与粉尘颗粒之间的接触面积较小，因此燃烧速度相对较慢。

2. 粉尘与氧气的混合

粉尘与氧气的混合是引发燃烧或爆炸的关键步骤之一。在大多数情况下，燃烧所需的氧气通常来源于空气中的氧气。当粉尘与周围的氧气混合后，形成了可燃性混合物，如果混合物的浓度位于可燃范围内，则具备了燃烧的基本条件。

粉尘的浓度是影响燃烧的重要因素之一。在粉尘与氧气混合的过程中，粉尘的浓度决定了可燃性混合物中粉尘的含量，从而影响了燃烧的速度和强度。较高浓度的粉尘混合物通常具有更高的燃烧速度和爆炸威力，因为其中可燃物质的含量更高，提供了更多的可燃物质供给燃烧反应。另一方面，混合物中氧气的浓度也是影响燃烧的关键因素之一。氧气是燃烧过程中的氧化剂，为燃烧提供必要的氧气。氧气浓度的变化直接影响着燃烧的速度和强度。较高浓度的氧气可以促进更剧烈的燃烧过程，而较低浓度的氧气则可能导致燃烧过程缓慢或不完全。

因此，粉尘与氧气的混合是引发燃烧或爆炸的关键步骤之一，其混合物中粉尘和氧气的浓度都是决定燃烧过程特性的重要因素。了解和控制混合物中粉尘和氧气的浓度，对于预防火灾和爆炸具有重要的意义。有效地管理粉尘和氧气的混合过程，可以降低火灾和爆炸事故的风险，保障人员和设施的安全。

3. 引火源的作用

引火源在粉尘燃烧或爆炸中扮演着至关重要的角色。它是导致粉尘混合物发生燃烧或爆炸的触发因素，其种类和性质决定了燃烧或爆炸的可能性和程度。明火、高温表面、电火花以及静电放电等都可能成为引发燃烧或爆炸的因素。

明火是最直接的引火源之一。当粉尘混合物遇到明火时，可燃物质与氧气迅速发生氧化反应，产生火焰和热能，从而引发燃烧或爆炸。明火作为引火源的危险性极高，因此需要严格控制其在易燃粉尘环境中的存在。高温表面也是一种常见的引火源。当粉尘混合物接触到表面温度较高的物体时，由于热能的传递，可燃物质可能发生氧化反应，从而引发火灾或爆炸。例如，设备运行过程中的摩擦产生的高温表面可能成为引发粉尘燃烧的来源。电火花是粉尘燃烧或爆炸的常见引发因素之一。在电气设备故障或操作中，如电线短路、电气设备故障等情况下，可能会产生电火花，当电火花与粉尘混合物接触时，可能引发燃烧或爆炸。此外，静电放电也可能成为引发粉尘燃烧或爆炸的因素。在粉尘运输、输送或处理过程中，粉尘颗粒之间的摩擦可能导致静电放电，当静电放电与粉尘混合物接触时，可能发生火灾或爆炸。

（二）粉尘的爆炸危险性

1. 影响粉尘爆炸的因素

粉尘是指分散的固体物质。粉尘爆炸是指悬浮于空气中的可燃粉尘触及明火或电火花等火源时发生的爆炸现象。粉尘爆炸条件：可燃粉尘爆炸应具备三个条件，即粉尘本身具有爆炸性，粉尘必须悬浮在空气中并与空气混合到爆炸浓度，有足以引起粉尘爆炸的火源。最常见的粉尘爆炸有煤粉、面粉、木粉、糖粉、玉米粉、土豆粉、干奶粉、铝粉、锌粉、镁粉、硫黄粉等。但只要我们加强防范措施，这类爆炸还是完全可以避免的。采用有效的通风和除尘措施，严禁吸烟及明火作业。在设备外壳设泄压活门或其他装置，采用爆炸遏制系统等。对有粉尘爆炸危险的厂房，必须严格按照防爆技术等级进行设计，并单独设置通风、排尘系统。要经常湿式打扫车间地面和设备，防止粉尘飞扬和聚集。保证系统要有很好的密闭性，必要时对密闭容器或管道中的可燃性粉尘充入氮气、二氧化碳等气体，以减少氧气的含量，抑制粉尘的爆炸。

粉尘爆炸过程。粉尘的爆炸可视为由以下三步发展形成的：第一步是悬浮的粉尘在热源作用下迅速地干馏或气化而产生出可燃气体；第二步是可燃气体与空气混合而燃烧；第三步是粉尘燃烧放出的热量，以热传导和火焰辐射的方式传给附近悬浮的或被吹扬起来的粉尘，这些粉尘受热汽化后使燃烧循环地进行下去。随着每个循环的逐次进行，其反应速度逐渐加快，通过剧烈的燃烧，最后形成爆炸。这种爆炸反应以及爆炸火焰速度、爆炸波速度、爆炸压力等将持续加快和升高，并呈跳跃式的发展。粉尘爆炸－影响粉尘爆炸的因素：粉尘的爆炸性能受粉尘的颗粒度、粉尘挥发性、粉尘水分、粉尘灰分和火源强度等影响。

2. 爆炸的危害

由于粉尘爆炸的独特特点，粉尘爆炸的危害相比气体爆炸要严重，原因如下：

第一，粉尘爆炸能呈现出跳跃式和爆炸连续性的特点。粉尘爆炸形成后，随着爆炸的连续，反应速度和爆炸压力也就持续加快和升高，并呈现跳跃式发展，产生爆震。特别是当在爆炸传播途中遇有障碍物或拐弯处，则压力会急剧升高。所以在一些粉尘爆炸事故中，不仅表现出了爆炸连续性的特点，而且表现出了离爆炸点越远，破坏性越严重的特点。

第二，因为粉尘初始爆炸的气浪会将沉积粉尘扬起，在新的空间迅速形成新的爆炸性混合物，在火焰和高温的作用下，再次发生爆炸，即二次爆炸。在粉尘爆炸的地点，空气受热膨胀，密度变小，经过一个极短的时间后形成负压区，由于气压差的作用，新鲜空气向爆炸点送流，促进空气的二次冲击，使得已发生粉尘爆炸的高温区沉积粉尘再次发生爆炸，二次爆炸的破坏更加严重。

第三章 粉尘的燃烧与爆炸机理

第一节 粉尘燃烧的基本过程

一、粉尘燃烧的基本原理

（一）氧化反应

粉尘燃烧的基本原理是氧化反应，这是一种化学反应，其中粉尘作为燃料与氧气发生氧化还原反应。在这个过程中，粉尘中的有机物或其他可燃物质与氧气发生反应，产生热量和火焰。这种反应释放的能量源自粉尘内部化学键的断裂和形成，通常伴随着大量的热量释放，这就是燃烧过程中火焰产生的原因。粉尘中的燃料通常是有机物质，如木材、纸张、煤炭等，这些物质在氧气的作用下会发生氧化反应，生成二氧化碳和水等燃烧产物。这个过程可以用化学方程式表示为：燃料 + 氧气 → 二氧化碳 + 水 + 能量。

（二）燃烧反应

一旦粉尘与氧气混合物遇到点火源，就会触发燃烧反应。点火源是提供起始能量的因素，使得氧化反应开始并产生火焰。点火源可以是明火、高温表面、电火花或静电放电等，它们具有足够的能量来启动氧化反应。在燃烧反应中，粉尘中的燃料与氧气发生氧化还原反应，产生大量的热量和火焰。这个过程是自持的，一旦点燃，火焰会持续燃烧，直到燃料或氧气耗尽。燃烧反应释放的热量使得火焰持续燃烧，并向周围环境传播热量和火焰。

（三）自持燃烧

一旦粉尘燃烧开始，并且有足够的氧气供应，燃烧反应将自持自燃，继续进行直到燃料耗尽或氧气耗尽。这种自持燃烧是燃烧过程的特点之一，使得粉尘在燃烧过程中持续释放热量和火焰。这也是为什么粉尘火灾难以迅速扑灭之一，因为火焰会持续燃烧直到燃料或氧气用尽。在自持燃烧过程中，火焰的温度和能量会不断增加，从而加剧火灾的危害程度。因此，及时有效地控制和扑灭火焰是防止粉尘火灾造成更大损失的关键措施之一。

二、粉尘燃烧的过程与特点

（一）快速燃烧

粉尘燃烧的过程中，一些粉尘具有较高的燃烧速度，一旦遇到火源，燃烧反应会迅速发生。这种快速燃烧特点增加了爆炸和火灾的危险性，因为火焰可以在极短的时间内迅速蔓延。快速燃烧通常是由于粉尘的颗粒细小、表面积大，容易与氧气充分接触，从而加速了燃烧反应的进行。此外，一些易燃的粉尘在遇到火源时可能会发生爆炸，进一步加剧了燃烧的速度和强度。

（二）高温火焰

粉尘燃烧产生的火焰通常具有较高的温度，可以达到数百摄氏度甚至更高。这种高温火焰使得粉尘燃烧过程中释放的热量更加强烈，增加了火灾和爆炸的危险性。高温火焰不仅能够引燃周围的可燃物质，还可能导致周围环境温度升高，加剧火灾的蔓延和危害程度。此外，高温火焰也会造成设备和结构物的破坏，增加了灾害事故的损失。

（三）持续燃烧

一旦粉尘燃烧开始，并且有足够的氧气供应，燃烧反应将持续进行，直到燃料或氧气耗尽。这种持续燃烧特点使得粉尘火灾往往难以控制，需要采取及时有效的应对措施。持续燃烧会持续释放大量的热量和火焰，加剧了火灾事故的严重程度，并可能导致火灾蔓延至更大范围的区域。因此，及时扑救和控制火灾是防止粉尘火灾造成更大损失的关键。

（四）火灾蔓延

粉尘燃烧过程中释放的火焰可以迅速蔓延并引发周围可燃物质的燃烧，导致火灾范围扩大。因此，粉尘火灾的蔓延速度较快，对安全和环境造成严重威胁。火灾蔓延会导致火势扩大，增加灾害事故的损失，并可能造成人员伤亡和财产损失。因此，防止火灾的蔓延是粉尘火灾防控工作的重要任务之一。

三、典型案例分析

静电在粉体物料（粉尘）中的产生主要是由于粉体物料在输送、搅拌、研磨等过程中的摩擦和分离作用，导致粉体表面带电。这种静电带电主要是由于粉状物料中的颗粒之间的电荷转移和分离所致。当粉尘处于适当的条件下时，静电放电可能会作为一种点火源，引发粉尘的燃烧或爆炸。在工业生产现场中，粉尘静电可能是一种隐蔽的点火源，特别是在存在可燃气体的环境中。当可燃性气体穿过粉尘时，由于粉尘的静电特性，可能会引发静电放电，从而导致燃爆事故的发生。例如，2018年某制药公司的三车间和2020年某大学市政与环境工程实验室发生的燃爆事故可能就与粉尘静电有关。在这两起事故中，可燃气体穿过粉尘层时，粉尘静电可能引发了静电放电，最终导致了爆炸事故的发生。

（一）粉体物料静电与点火源

1. 粉状物料容易产生静电

静电学理论认为，静电是由原子外层电子受到各种外力影响发生转移，分别形成正负离子造成的。因此，任何两种不同的物体接触后都会发生电荷的转移和积累形成静电。粉体物料具有分散性的特点，在相同的材料和质量条件下，粉体表面积比整块固体表面积大很多倍，例如把直径 100mm 的球状材料分割成等直径的 0.1mm 的粉体时，表面积就增加 1 万倍以上。表面积增加，导致颗粒间摩擦机会增多，进而增加了产生静电的概率。另外，粉体物料还具有易飞扬而悬浮于空气中形成粉尘的特点，粉尘悬浮时与大地是绝缘的，其所带静电不易泄漏。因此，粉尘处于悬浮状态时极易带电，而与组成粉体的材料是否是绝缘材料无关。

2. 静电火源

点火源又称着火源，是指能够使可燃物与助燃物发生燃烧反应的能量来源，这种能量既可以是热能、光能、机械能、化学能，也可以是电能。医药化工车间常见的点火源有：明火、化学反应热、热辐射、高温表面、摩擦和撞击火花、静电火花等。在投料、烘干过程中，物料颗粒之间或物料与器壁之间发生碰撞、摩擦，反反复复的接触和分离，彼此之间产生电子转移现象，使粉体及器壁分别带上不同极性的静电。粉体静电电压往往可达数千至数万伏，而当带静电的粉尘与不带电或静电位很低的物体相互接触时，如果电位差达到 300V 以上，就会产生放电现象并产生火花。因此，静电是一种比较隐蔽而能量巨大的点火源。

（二）事故案例分析

案例一：事故案例

2020 年 7 月，ZJ 某制药股份有限公司三车间粗品精制岗位三合一压滤过程中发生正丁醇泄漏，引发爆炸事故，爆炸后发生火灾，造成 2 人死亡，2 人轻伤，事故造成直接经济损失 908 万元。

1. 事故简要经过

2020 年 7 月 27 日 19 时，员工 A 在车间西侧喷雾干燥器出料口下料，正在压滤过程中的三合一（事故设备）底盘与罐体连接处突然发生正丁醇溶液泄漏，物料喷射到员工 A 和员工 B 的身上。泄漏的溶液立刻产生了大量白雾，员工 A 和员工 B 先跑到洗眼器处清洗，员工 B 要求员工 A 去关蒸汽阀门，员工 B 自己去关喷雾干燥器电源。员工 B 在公司员工 C 的协助下穿戴好正压式空气呼吸器后，冲进车间准备开关喷雾干燥器电源。当员工 A 跑到应急器材柜拿到防毒面具后，还没来得及去关蒸汽阀门，19 时 06 分，车间发生爆炸。

2.调查报告认定事故发生的原因

（1）直接原因

过滤洗涤干燥机卡兰在压滤过程中失效断裂，导致正丁醇溶液（操作温度约 90℃，操作压力 ≤0.2MPa）泄漏至车间，与空气形成爆炸性混合物，遇点火源（车间防爆隔墙外放置的非防爆控制柜、过滤洗涤干燥机控制箱箱门缺少一颗螺栓）后发生闪爆。

（2）间接原因

ZJ 某制药股份有限公司擅自在防爆墙上开门，导致爆炸性混合气弥漫至非防爆区域（区域内设置了 2 台喷雾干燥机的非防爆控制柜）。

3.粉尘静电点火源探测

根据粉体物料产生静电的理论和静电是一种点火源，本文对该事故的点火源进行推测与探讨：事发时，三合一喷射出的正丁醇溶液喷射到正在喷雾干燥器出料作业的员工 A 身上，说明喷雾干燥器和三合一距离很近。爆炸发生后 2 台喷雾干燥器底部烧蚀严重，说明喷雾干燥器底部有大量可燃物料堆积。推测事故爆炸过程如下：高温高压下泄漏的正丁醇在空气中形成蒸汽云，从喷雾干燥器出料口快速喷出的粉尘带有静电，当蒸汽云穿过喷雾干燥后的粉尘时，粉尘发生了静电放电，点燃了正丁醇蒸汽云，从而造成闪爆。

案例二：事故案例

2018 年 12 月 26 日，BJ 某大学市政与环境工程实验室发生爆炸燃烧事故，致 3 人死亡。

1.事故简要经过

12 月 24 日 14 时至 18 时，李某某带领学生尝试用新购买的搅拌机对镁粉和磷酸进行搅拌，生成了镁与磷酸镁的混合物。因第一次搅拌过程中搅拌机料斗内镁粉粉尘向外扬出，李某某安排学生用实验室工作服封盖搅拌机顶部活动盖板处缝隙。12月25日12时至18时，李某某带领学生将24日生成的混合物加入其他化学成分混合后，制成圆形颗粒。12月26日9时许，学生按照李某某安排进入实验室，准备重复24日下午的操作。据视频监控录像显示：当日9时27分45秒，学生进入模型室；9时33分21秒至25秒之间室内出现两次强光；第一次强光光线颜色发白，（符合氢气爆炸特征）；第二次强光光线颜色泛红，并伴有大量火焰（符合镁粉爆炸特征）。

2. 调查报告认定事故发生的原因

搅拌过程中，磷酸与镁粉剧烈反应并释放出大量氢气和热量，反应过程中只有部分镁粉参与反应，料斗内仍剩余大量镁粉，搅拌机料斗内上部形成了氢气、镁粉、空气的气固两相混合区；料斗下部形成了镁粉、磷酸镁、氧化镁（镁与水反应产物）等物质的混合物搅拌区。搅拌机转轴旋转时，转轴盖片随转轴同步旋转，并与固定的转轴护筒接触发生较剧烈摩擦。运转一定时间后，转轴盖片上形成较深沟槽，沟槽形成的间隙可使转轴盖片与转轴护筒之间发生碰撞，摩擦产生火花，点燃了料斗内上部氢气和空气的混合物并发生爆炸（第一次爆炸），爆炸冲击波超压作用到搅拌机上部盖板，使活动盖板的铰链被拉断，并使活动盖板飞出。同时，冲击波将搅拌机料斗内的镁粉裹挟到搅拌机上方空间，形成镁粉粉尘云并发生爆炸（第二次爆炸）。爆炸产生的冲击波和高温火焰迅速向搅拌机四周传播，并引燃其他可燃物，事故造成现场3名学生烧死。

3. 粉尘静电点火源探测

根据粉体物料产生静电的理论和静电是一种点火源结论，本文对该事故的点火源进行推测与探讨：新的搅拌机，使用时间不超过24h并不会形成较深的沟槽、通过此沟槽使盖片与筒体发生激烈碰撞产生火花的可能性极小。12月24日，李某某带领学生尝试第一次搅拌过程中料斗内镁粉粉尘向外扬出，李某某安排学生用实验室工作服封盖搅拌机顶部活动盖板处缝隙，说明搅拌时空气中有大量镁粉粉尘存在。推测事故爆炸过程如下：搅拌过程中，磷酸与镁粉剧烈反应并释放出大量氢气，逸散到空气中的大量镁粉与空气摩擦产生静电，当氢气穿过镁粉与空气形成的混合物时，空气中带静电的镁粉发生静电放电，点燃了料斗内上部氢气和空气的混合物并发生爆炸（第一次爆炸）。

（三）事故防范措施建议

在众多事故调查报告中，点火源多被认定为是非防爆电器产生的电火花、铁器碰撞产生的火花、流体（气体、液体、气态粉体）输送或泄漏喷射产生的静电火花和物体摩擦产生的静电火花，认定为粉尘静电引发事故的报道很少。当事故现场存在逸散性粉尘时，可燃性气体或液体泄漏后发生燃爆事故的可能性将增大很多。在医药化工车间存在粉体投料和出料的工艺，除了要严格遵守《防止静电事故通用导则》（GB12158—2006）有关静电防护的管理措施和技术措施外，还可以通过以下措施降低粉尘静电的危害。

1.控制粉体物料细度和减少摩擦碰撞机会

粉体物料的细度越高，其产生静电的机会越大。因此，在粉体投料空间，可以通过采用有效的通风和除尘措施来限制粉体物料在管道中的输送速度，从而减少粉体物料之间的摩擦碰撞，降低静电的产生。此外，对于粉体物料的选择也可以考虑减少其细度，以减少静电的产生。

2.定期湿式打扫和除尘措施

定期湿式打扫车间地面和设备可以有效地防止粉尘的飞扬和聚集，降低粉尘在空气中的浓度，减少静电的产生和积聚。此外，采用有效的除尘设备对车间进行除尘处理也是必要的措施之一，以进一步减少粉尘的积聚和飞扬，降低静电的危害。

3.避免粉尘与有机溶剂共存

粉尘与有机溶剂共处一室会增加静电释放点燃有机溶剂的风险。因此，在医药化工车间中，应尽量避免存在粉体逸散和有机溶剂泄漏可能的设备共处一室，以降低事故发生的可能性。

4.采用防静电功能的设备和材料

对于干燥设备的布袋除尘器等设备，应选择具有防静电功能的棉布或导电织品制作，以避免粉尘静电放电引发火灾事故。此外，在设备的设计和选择过程中，也应考虑材料的导电性能，以确保设备的安全性。

5.避免在特定情况下操作

例如，在装有粉尘物料和有机溶剂的搪玻璃反应釜中，应禁止在反应中途打开人孔补加物料。因为在此时，搪玻璃釜内的粉尘和有机溶剂已经形成了带静电的易挥发混合物，在快速搅拌状态下，如果突然打开人孔补加物料，很容易引发静电放电并发生闪爆事故。因此，对于此类操作，应采取严格的操作规程和安全措施，确保操作的安全性和稳定性。

依据粉体物料容易产生静电并容易形成点火源的理论，对两起历史事故案例的点火源进行了推测。因本单位实验条件所限，所提出的推测没能经过实验验证，建议有能力的科研院所能进行实验验证。

第二节　粉尘爆炸的发生条件

一、粉尘爆炸概述

粉尘爆炸是指粉尘在遇到点火源后，在有限空间内迅速发生燃烧的同时释放出很多能量，使得空间内充满了压力并且温度急速上升，最后以冲击波的形式向周围传播，有很强的破坏力。通过文献可以发现粉尘气相点火机理是粉尘遇到点火源开始进行分子间的反应生成新分子，然后与气体进行二次反应构成气体混合物最后燃烧的现象。表面非均相点火机理认为粉尘粒子在高温环境下与环境中的空气进行混合，使得粉尘粒子表面都与氧分子进行充分的接触，最后在点火源的作用下被点燃发生燃烧，紧接着粉尘与氧气反应形成的空气混合物将粉尘粒子包裹保护起来，粒子被保护层隔绝起来停止与氧气的反应，然后粉尘粒子表面的空气混合物发生燃烧，紧接着粉尘粒子重新发生燃烧反应的过程。

1785 年发生了第一起粉尘爆炸事故，当时人们不是很相信微小的粉尘竟然能导致破坏力这么强的爆炸。随着多起事故的发生，接下来人们才逐渐意识到了粉尘爆炸事故的危险性，然而人们对粉尘爆炸进行实验研究是从 19 世纪末期才开始的，紧接着的百年内人们不断地对各种类型粉尘爆炸特性进行研究，然后越来越多的人开始进行粉尘爆炸机理等相关研究。

二、粉尘爆炸的必备条件分析

发生粉尘爆炸的重要条件是粉尘自己可燃，即能与空气中的氧气发生氧化反应。如前述的煤尘、铝粉、面粉等；其次，粉尘要悬浮在空气中到达一定浓度（跨越其爆炸下限），粉尘呈悬浮状才能保证其概况与空气（氧气）充沛接触，聚积粉尘不会发生爆炸；再次，要有足够引发粉尘爆炸的肇端能量。只要同时具有上述三个条件，就会致使粉尘爆炸。

（一）点火温度

云状与层状粉尘的点火温度有很大不同，一般都是在 Godbert-Greenwald 炉中测定的，通常以为粉尘云的发火温度为粉尘层的两倍左右。但随着层厚的不同，温度差值也很大，作为资料的数据，通常以 5 mm 厚度为标准。碳化升华的物质，则应采用云状的发火温度。另外人们已经发现，煤粉的层流火焰燃烧速度 5~35cm/s，最大的无焰燃烧速度出现在以挥发含量为基础的化学计算浓度四周。

（二）最小点火能

粉尘云的最小点火能量一般是在 Hartmanm（哈特曼）管中测定，但由于粉尘云的天生条件和测试方法困难，很难取得绝对正确的数值，大多数为相对值，但可用作对物质的危险性作相对比较。最小点火能的计算方法有两种：一是较粗糙的方法，即 $E = 1/2 \times CU2$，此法忽略了电路中的能量损失；二是较精确的方法，$E = \int_0^2 (UI - I2R) dt$，式中 U、I 为电极两个电压和电流，I2R 为放电回路电阻引起的功耗。

（三）爆炸极限

粉尘爆炸极限就是能够爆炸的浓度范围，由于不存在公认的标准测试粉尘爆炸下限的准则，因此现有的下限数据依靠于试验装置和外部条件，不是粉尘的基本性质。另外，粉尘云浓度只能由湍流产生和湍流控制，湍流是粉尘云的固有特性。粉尘云浓度随时间变化而变化，点火前浓度并不是随后燃烧的浓度，在一种装置中能爆炸的浓度不一定在另一种装置中爆炸。因此粉尘浓度仅仅是试验时间和容器空间的均匀值，一种特定的粉尘并没有唯一的爆炸性。

三、不同条件下粉尘爆炸特性的差异

粉尘爆炸过程可分为三个阶段：第一阶段为粉尘的悬浮与扩散阶段，此阶段处于整个过程的初始阶段，也是爆炸最容易发生的阶段。第二阶段为粉尘的燃烧和爆炸的化学反应阶段，此过程是整个过程的继续，并逐步向更高一级转化。第三个阶段为粉尘燃烧爆炸极限范围扩展、火焰传播的主要部分。

第一，悬浮在空气中的可燃粉尘达到一定浓度时，遇到火星等火源就可能引起爆炸。

在一般情况下，可燃性粉尘浓度在 10% 以下时就有可能发生爆炸。当粉尘浓度达到 10%~20% 时发生爆炸所需的最小点火能量较大，因此当遇到火源时其危险性就更大，发生爆炸的可能性就更大。这里说的浓度一般指空气中悬浮粉尘及其他可燃性物质总量百分比（%）。如果可燃粉尘质量占总质量的百分数较大时（如超过 10%），就有可能发生粉尘爆炸。

第二，在有空气参与的可燃性粉尘爆炸过程中，与可燃气体或蒸气发生反应产生爆炸。引起可燃性粉尘与空气形成爆炸性混合气体，这种爆炸性混合气体在达到一定浓度时能发生爆炸。

第三，粉尘遇明火后产生燃烧反应过程中可能会产生很多的可燃气体并发生化学反应形成爆炸性混合气体，当可燃混合气体达到一定浓度时发生爆炸。

第四，由于混合气体中可燃粉尘比例不同会引起不同性质的爆炸。如，可燃性无机粉尘和有机粉尘混合后可能引起燃烧也可能不引起燃烧；或在可燃性爆炸物中添加惰性气体时，可避免形成爆炸性混合物；或在某种情况下产生爆炸性混合物；或某些物质在一定条件下可以发生爆炸，等等。

第五，可燃粉尘遇热、压强增大也会引起爆炸，如：煤、焦炭、硫磺、石油焦等可燃性固体颗粒受热时发生炭化反应放出大量的热，这些热量造成颗粒的温度急剧升高。同时固体颗粒与空气之间形成了一个比原来更加强烈的爆炸性混合物，当这些爆炸性混合物达到一定浓度时就会发生爆炸。

第六，在有充足的氧气条件下，金属粉（如铝、镁等）在接触加热时也会引起爆炸。因为这些可燃性金属粉状颗粒与空气中的氧发生化学合成氧化物（如 Al_2O_3 等），在高温下分解产生可燃气体。

四、粉尘爆炸产生的原因

（一）粉尘本身具有可燃性

在工业生产中，有些粉末状物质大多是以煤、石油等为原料进行加工制造而成，在使用过程中经常会发生燃烧现象，这些粉末在接触到火源后就会产生大量的热量，容易与空气中的氧气发生反应从而导致爆炸事故。另外，在对生产过程中所使用的设备进行清理时，如果不使用专门清理工具或者没有对其进行规范管理，那么很容易会在清理过程中导致粉尘四处散落从而使其接触到明火后引起爆炸事故。

（二）点燃源

粉尘爆炸主要是由于点火源引起的。一般情况下引起粉尘爆炸都是由以下几个方面原因造成的：第一，工厂在使用粉尘进行填充操作时或由于对设备进行清理操作导致不能及时处理干净而使其被积存下来并有一定数量的可燃性粉尘堆积起来，这些可燃性粉尘遇到点火源后就会发生爆炸。第二，在工厂进行生产过程中由于采用了不正确的方法而使大量可燃性粉尘聚集在一起造成了爆炸现象。第三，当工厂进行维修或者清理时由于没有做好防尘工作而造成大量粉尘被带入维修设备中而导致爆炸。

（三）设备或者系统具有一定限度的爆炸性

在设备或者系统进行检修或者维护时没有做好密封工作，而导致易燃、易爆物质泄漏后与空气混合形成爆炸性气体导致爆炸现象发生。在维修或者维护过程中需要进行密封检查，因此在这个过程中要注意对周围环境中易燃、易爆物质等因素进行检测分析，避免由于易燃、易爆物质泄漏导致爆炸事故产生。另外由于工厂设备在使用过程中一般会使用管道系统输送液体或者气体，因此在管道系统运输过程中也有可能会造成设备和系统产生大量易爆气体导致爆炸事故发生。还有一些工厂为了提高生产效率往往会选择采用较高温度对设备进行加工制造，导致粉尘颗粒被吸入设备内部从而引发爆炸事故发生。如果是可燃性粉尘当其浓度达到爆炸极限时，就会产生自燃现象从而发生爆炸事故。在生产过程中由于生产环境中存在高温、高压等因素，当这些可燃性粉尘悬浮在空气中时，就会由于温度不断升高而产生自燃现象从而发生爆炸事故。

（四）粉尘本身具有一定程度的腐蚀性和毒性

粉尘具有腐蚀性和毒性是指粉尘对金属设备或者金属构件具有一定程度的腐蚀作用，当这些粉尘与金属材料接触后就会引起材料内部结构的改变进而导致发生腐蚀反应。在这个过程中如果没有及时处理或者处理不当，就很容易造成金属材料内部结构发生变化从而导致爆炸事故发生。

五、燃烧爆炸理论

（一）燃烧理论

1. 活化能理论

粉尘爆炸的原因是粉尘分子与空气中的氧气进行反应形成新的分子反应

物，然后新的分子再次进行下一阶段反应传递能量。分子之间相互反应的前提条件是反应物分子之间有接触，但是不是所有的接触都是有效的，所以分子之间会存在有效碰撞，只有能进行有效碰撞的分子会具有较高的能量，这些高能量分子多出来的部分能量叫做活化能。

2. 链式反应理论

有焰燃烧都存在链式反应。当某种可燃物遇热会热解导致分子转化成自由基。自由基是一种化学形态，能与其他的自由基和分子反应而使燃烧持续进行下去，这就是链式反应。通俗地讲，链式反应指在反应第一阶段结束后，后续反应继续发生、并逐代延续进行下去的过程。造成链式反应结束的因素有：反应分子消耗殆尽、分子与其他分子进行反应导致反应中止、其他反应分子吸收了大部分能量导致反应能量不够导致反应无法进行。

（二）爆炸理论

1. 爆炸链式反应理论

粉尘爆炸反应中不同分子之间相互反应可能会产生一个新的分子，也可能会因为新分子的加入导致反应停止。粉尘刚开始遇到点火源遇热分解然后不断进行分子间反应，直到达到粉尘爆炸的临界点，这个过程需要进行几次反应才能完成，所以粉尘爆炸理论上不是一瞬间就可以完成的。爆炸链式反应理论可以找到粉尘爆炸的临界点。

2. 爆炸波理论

可燃性粉尘遇到点火源开始发生爆炸，此时粉尘粒子在高温下发生反应，热量开始在粒子之间快速传递，然后在密闭空间中由于能量的积压加速反应直至发生爆炸，此时产生的爆炸能量就是冲击波。

3. 流体动力学爆炸理论

粉尘发生爆炸后产生的爆炸能量会不停地向周围扩散，而且由于这种能量损失不可逆，会随着反应进行不断减弱；另一种理论是需要粒子之间不断进行分解反应然后产生足够的热量才能持续地推动爆炸反应的进行。

第三节 粉尘爆炸的化学反应与能量释放

一、粉尘爆炸的化学反应机理

（一）燃烧反应

1. 燃烧机理

粉尘爆炸的燃烧反应是一种复杂的氧化还原过程，其基本机理遵循传统的燃烧理论。在爆炸的初期阶段，粉尘中的可燃物质（燃料）与周围的氧气发生化学反应，这一过程通常被描述为氧化反应。在这种反应中，燃料和氧气之间的化学键被打破，原子重新组合形成新的化学物质，同时释放出大量的能量，主要以热量和光能的形式表现，形成火焰。

这种燃烧反应是一种放热反应，也就是说，它释放出的能量大于启动反应所需的能量。当粉尘中的燃料与氧气接触并受到外部点火源的刺激时，反应便会迅速启动。燃烧过程中，燃料的分子与氧气分子发生相互作用，燃料分子中的碳、氢等元素与氧气结合形成二氧化碳和水蒸气等氧化产物，同时释放出大量的热能。

在爆炸过程中，燃烧反应不仅会产生高温的火焰，还会产生大量的气体，包括未完全燃烧的碳和氢化合物，以及一些有毒气体。这些气体的生成会进一步推动火焰的燃烧，并形成爆炸波，产生巨大的压力和能量释放。这些压力和能量释放将对周围的环境和结构造成严重的影响，导致爆炸事故的发生。

2. 引火源作用

粉尘爆炸的燃烧反应需要外部的引火源来触发。这些引火源可以是多种形式的，包括明火、高温表面、电火花和静电放电等。明火是最直接的引火源，它可以通过直接接触粉尘混合物来引发燃烧反应。高温表面则是由于其温度高于粉尘的自燃温度或燃点，使得粉尘在接触到高温表面时发生瞬间燃烧。电火花是在电气设备或系统中产生的电弧放电，其能量足以引发粉尘混合物的燃烧。静电放电则是由于物体表面积累了静电荷，当这些荷电物体接触可燃粉尘时，静电放电就可能引发燃烧反应。

这些引火源与可燃的粉尘混合物接触时，会产生燃烧反应，导致爆炸的发生。在粉尘爆炸的过程中，引火源的作用是至关重要的，它起到了点燃可燃物质的作用，从而触发了爆炸的连锁反应。因此，了解和识别潜在的引火源，并采取相应的防范措施，是预防粉尘爆炸事故的关键之一。这包括在工业生产和生活中严格控制明火和高温表面的存在，合理设计和使用电气设备以避免电火花的产生，以及通过有效的静电消除措施来降低静电放电的风险等。通过有效地管理和控制引火源的存在和影响，可以有效地减少粉尘爆炸事故的发生，保障人员和财产的安全。

3. 热能释放

粉尘爆炸中燃烧反应所释放的热能是其主要的能量来源之一，对爆炸过程的发展和严重性起着至关重要的作用。这些释放的热能以火焰和高温的形式表现，不仅推动着燃烧反应的持续进行，还加剧了爆炸的破坏性和危险性。

燃烧反应中释放的大量热能被转化为火焰，形成高温、高压的爆炸火焰。这些火焰在爆炸波的作用下迅速扩散，并向四周释放巨大的能量。火焰的高温不仅能引发周围可燃物质的点燃，还能造成周围环境的瞬间加热和破坏。释放的热能还以高温的形式存在于爆炸产物中，如生成的热气体和燃烧产物。这些高温物质在爆炸波的冲击下迅速蔓延，对周围物体和结构造成严重的热损伤和破坏。高温的热气体还可能引发火灾，并加剧爆炸事故的危害范围。

（二）爆炸波传播

1. 爆炸波特性

粉尘爆炸产生的爆炸波是爆炸过程中最显著的特征之一，其特性包括高压和高温，对周围环境和物体造成了严重的破坏和危害。爆炸波的高压是由爆炸过程中释放的大量能量造成的。当粉尘爆炸时，化学反应产生的热能迅速释放，使周围气体急剧升温、膨胀，形成了高压区域。这种高压区域的形成使得空气和周围可燃物质被迅速压缩，并形成爆炸波，进而引发火焰和冲击波的产生。爆炸波还具有高温的特性。在爆炸过程中，释放的热能导致火焰和燃烧产物的温度急剧升高，形成了高温区域。这种高温区域不仅可以点燃周围的可燃物质，还能造成周围环境的瞬间加热和破坏。同时，高温还加剧了爆炸波的冲击力，增加了对周围物体的冲击和破坏。

粉尘爆炸产生的爆炸波具有高压和高温的特性，对周围环境和物体造成了严重的危害。其高压和高温特性使得爆炸波具有强大的破坏力和冲击力，导致爆炸事故的危害范围扩大，并对人员和设施造成严重损害。因此，在预防和控制粉尘爆炸事故时，必须充分认识和理解爆炸波的特性，采取有效的安全措施和防护措施，减少其对人员和设施的危害。

2. 压力释放

爆炸波所释放的压力是粉尘爆炸中最具破坏性的因素之一。这种压力的来源主要是由燃烧反应释放的气体所产生的，其能量转化为气体的动能，使得气体迅速膨胀并形成爆炸波。这种爆炸波所产生的压力具有巨大的破坏力，能够引发周围结构物的破坏，导致火灾和人员伤亡。在爆炸发生的瞬间，由于燃烧反应释放的大量热能，周围空气和粉尘瞬间膨胀，形成了高压区域。这种高压区域所产生的压力可以迅速传播并扩散，形成爆炸波。爆炸波的传播速度通常非常快，可以达到音速以上，因此具有极强的冲击力和破坏力。爆炸波释放的压力不仅可以直接破坏周围的建筑物和设施，还能引发火灾并造成人员伤亡。当爆炸波冲击到建筑物或设施时，会导致其结构受损甚至倒塌，造成严重的物质损失和人员伤亡。同时，爆炸波所产生的高温还可能引发火灾，并加剧爆炸事故的危害程度。

因此，在粉尘爆炸防护工作中，必须重视对爆炸波的控制和防范。采取有效的安全措施和防护措施，如建立完善的爆炸防护系统、加强建筑物和设施的结构强度、控制粉尘浓度等，以减轻爆炸波对人员和设施的危害。

（三）燃烧产物

1. 主要产物

粉尘爆炸释放的燃烧产物在爆炸事件中发挥着重要作用。主要产物包括二氧化碳（CO_2）、水蒸气（H_2O）以及未完全燃烧的有机物质。二氧化碳是粉尘爆炸的主要燃烧产物之一。在燃烧过程中，粉尘中的碳和氧气反应生成二氧化碳。这种反应释放的能量推动燃烧过程的持续进行，并使得爆炸事件产生火焰和高温现象。二氧化碳是一种无色、无味、非常稳定的气体，在爆炸事故中的释放量可观，对于火势的蔓延和扩散有一定影响。水蒸气也是粉尘爆炸的常见产物之一。在燃烧反应中，粉尘中的氢元素与氧气结合形成水蒸气。水蒸气的释放不仅使得爆炸现场温度升高，也会增加空气中的湿度。这种水蒸气的释放与火焰的形成密切相关，是爆炸事件中不可忽视的一部分。粉尘爆炸过程中还可能产生一些未完全燃烧的有机物质，例如一氧化碳（CO）、甲烷（CH_4）等。这些有机物质的释放与燃烧过程的完全程度有关，通常是由于燃烧反应受到限制或不完全，导致部分燃料无法完全氧化而产生的副产物。这些未完全燃烧的有机物质具有一定的毒性和热值，可能会对环境和人体健康造成影响。

2. 能量释放

在粉尘爆炸过程中，燃烧产物释放的能量是导致爆炸现象的关键因素之一。这些能量以火焰和热能的形式释放，并在爆炸波传播的过程中加剧了爆炸的强度和危险性。燃烧反应中释放的能量主要以火焰的形式表现出来。火焰是燃烧过程中可见的明亮光和热的集中体现，是燃烧释放能量的直接体现。在粉尘爆炸中，火焰的高温和强光会造成周围环境的热辐射和热传导，导致可燃物质燃烧，并进一步加剧爆炸的火势和破坏程度。燃烧产物还以热能的形式释放大量的能量。在燃烧反应中，燃料与氧气发生氧化还原反应，释放出大量的热量。这些热量不仅推动了燃烧反应的持续进行，也加热了周围的环境和物体。燃烧产物释放的热能是粉尘爆炸过程中引发火灾、造成物体熔化或燃烧的重要原因之一。

这些能量以火焰和热能的形式释放，对爆炸过程的强度和危险性产生重要影响。因此，在防范粉尘爆炸事故中，必须重视燃烧产物释放的能量，并采取有效的措施来控制和减轻爆炸事件可能带来的损失和危害。

二、能量释放与爆炸强度关系的研究

1. 能量释放量

粉尘爆炸释放的能量是一个与多种因素相关的复杂问题。首先，燃料的含量是影响爆炸能量释放量的主要因素之一。燃料的含量越高，爆炸释放的能量通常也越大。这是因为更多的燃料意味着更多的可燃物参与燃烧反应，产生更多的热量和火焰。此外，氧气的供应也是影响爆炸能量释放量的关键因素之一。氧气的供应越充足，燃烧反应就越充分，释放的能量也就越大。除了燃料和氧气的含量外，反应速率也对爆炸能量释放量产生影响。反应速率越快，燃料和氧气之间的化学反应就越迅速，产生的能量释放量也就越大。因此，具有高反应速率的粉尘爆炸通常会释放更多的能量，导致爆炸的破坏性更大。

燃料的含量、氧气的供应和反应速率是其中最重要的因素之一。准确评估爆炸能量释放量对于预防和控制粉尘爆炸事故具有重要意义，有助于采取有效的安全措施来减轻爆炸可能带来的损失和危害。

2. 爆炸波压力

粉尘爆炸所产生的爆炸波压力是评估爆炸强度和危险性的关键参数之一。爆炸波的压力取决于多种因素，其中包括爆炸前混合气体的浓度、点火源的强度，以及爆炸发生的空间大小和形状等。爆炸前混合气体的浓度是影响爆炸波压力的重要因素之一。混合气体中可燃物质和氧气的浓度越高，通常爆炸波产生的压力也会相应增加。这是因为更高浓度的混合气体意味着更多的可燃物质参与了燃烧反应，从而产生了更多的热量和气体，导致更强的爆炸压力。点火源的强度对爆炸波压力也有显著影响。不同类型的点火源，如明火、高温表面、电火花等，其能量释放量和能量密度不同，会影响爆炸波的形成和压力大小。较强的点火源往往会导致更强的爆炸波压力，增加了爆炸的破坏性和危险性。爆炸发生的空间大小和形状也会对爆炸波的压力产生影响。在相同条件下，较小的空间会使得爆炸波的压力集中，导致更高的局部压力，增加了爆炸的破坏性。而较大的空间则可能会减缓爆炸波的传播速度，降低其压力。

3. 爆炸后果

粉尘爆炸的后果可以是灾难性的，其释放的能量和产生的压力可能导致多方面的损害和危害。了解粉尘爆炸能量释放与爆炸强度之间的关系对于制定有效的安全防护措施和应急预案至关重要，以减少爆炸事故的发生和最小化其影响。粉尘爆炸释放的能量对周围设备和结构造成直接破坏。爆炸波产生的高压和高温能够引起设备的崩溃、建筑物的倒塌以及管道的破裂等现象，导致生产设施和环境的严重破坏。爆炸还可能引发火灾，进一步加剧事故的严重性。由于爆炸释放的热能和火焰持续燃烧，周围可燃物质很容易被引燃，形成火灾。火灾的蔓延速度较快，使得灾情扩大范围，对生命和财产造成更大的威胁。粉尘爆炸可能会产生毒气，对人员和环境造成伤害。在燃烧过程中，产生的烟雾和有毒气体可能含有一些有害物质，如一氧化碳、氮氧化物和有机物质的燃烧产物等，对人体呼吸系统和健康造成危害。

通过了解能量释放与爆炸强度之间的关系，可以更好地制定安全防护措施和应急预案，提高事故应对和处置的效率，最大限度地减少爆炸事故可能造成的损失和影响。

第四节　粉尘爆炸机理的研究现状与进展

一、粉尘爆炸机理研究的历史回顾

粉尘爆炸事故是一类典型的安全事故类型，在对可燃粉尘的生产、加工运输和储存等过程中都会造成严重的威胁。当吸附于大量空气中的尘埃被引燃而爆炸过程中，大量的热能就会同时通过热传导和辐射等方式，传导给附近空气中飘浮的尘埃或刚被风扬起的尘埃，使之迅速受热并进一步引燃，从而继续进一步的循环。随着高温逐渐上升，反应速度也同时会越来越快，局部压强也因此而进一步上升，使之燃烧得越来越剧烈，最后就产生了强烈而巨大的爆炸。有些粉末在产生氧化或发热现象后，还会分解出可燃气体，这就大大增加了粉尘爆炸发生的风险。粉尘爆炸时相关特性的参数和其自身因素还有外部因素都有关。自身因素包括了理化性质、粒径大小、粉尘浓度等，外部因素则由所处环境温湿度、设备装置结构、与之共处的可燃气体种类等相关系。其中粒径大小是影响其最小点火能的重要因素，质量浓度紧随其后。

而且，如果一次粉尘大爆炸处理不当可能会导致更为严重的二次粉尘大爆炸事故。工业过程中的粉尘爆破，一般都是在同一个工艺单位内进行的（一次粉尘爆炸）。在工艺设备外部，当火焰点燃了由上一次粉尘保障所形成的喷气冲击波后将会积聚起扬尘，从而导致第二次粉尘爆发。一次粉尘爆炸时，尘埃一直飘浮在空气中；二次粉尘或爆炸粉尘，则从原有的沉积物体表面变为由外力所产生的尘云。由此可见，在一次粉尘爆炸和二次尘埃爆炸之间的纽扣便是危险场所现场情况，如果现场堆积尘埃则更有可能会导致爆炸。

二、当前粉尘爆炸机理研究的主要趋势与进展

（一）粉尘爆炸机理研究的主要趋势

1. 多尺度模拟与实验验证

近年来，粉尘爆炸机理研究趋向于采用多尺度模拟与实验验证相结合的方法。这一趋势的背后是为了更准确地理解和描述粉尘爆炸的发生过程及其机理。通过数值模拟，可以对爆炸的燃烧反应、爆炸波传播等关键环节进行模拟和分析，揭示微观层面的物理和化学过程。与此同时，实验验证则能够验证模拟结果的准确性，并提供实际爆炸过程中的关键参数和数据，从而更好地验证和修正理论模型。这种多尺度的研究方法有助于深入了解粉尘爆炸的机理，为安全防护和事故应对提供更可靠的科学依据。

2. 非均匀性效应的研究

随着研究的深入，人们开始越来越关注粉尘爆炸过程中的非均匀性效应。粉尘云的形成和分布不均匀性、燃烧反应的非均匀性以及爆炸波的非均匀传

播等因素都可能对爆炸过程产生重要影响。因此，研究人员开始倾向于从更微观的角度探索这些非均匀性效应，并通过模拟和实验方法来加以分析和验证。这一领域的研究有助于深入理解粉尘爆炸的复杂性和多样性，为事故预防和安全管理提供更全面的参考依据。

3. 新材料和新技术的应用

随着科学技术的不断发展，新材料和新技术的应用也成为粉尘爆炸机理研究的主要趋势之一。例如，纳米技术、计算机模拟、先进材料分析技术等在粉尘爆炸机理研究中得到了广泛应用。这些新技术的引入为研究人员提供了更多的工具和手段，可以更深入地探索粉尘爆炸的机理，并寻求更有效的事故预防和安全管理方法。同时，新材料的应用也为燃烧和爆炸过程的控制和管理提供了新的可能性，为工程实践和安全生产带来了新的思路和方法。

（二）粉尘爆炸机理研究的进展

1. 燃烧反应机理的深入探索

近年来，对粉尘爆炸燃烧反应机理的研究取得了重要进展。通过理论模拟和实验验证，研究人员对粉尘燃烧的机理和动力学过程有了更深入地理解。尤其是对于粉尘与氧气之间的氧化还原反应、燃烧产物的生成和释放机制等方面的研究，为揭示粉尘爆炸的本质提供了重要支撑和理论基础。

2. 爆炸波传播机理的研究

爆炸波传播机理是粉尘爆炸研究的另一个重要方面。近年来，研究人员对爆炸波的形成、传播路径、压力分布等进行了深入研究，揭示了爆炸波在不同条件下的特性和规律。这些研究成果有助于更准确地评估爆炸后果、指导事故应对和安全管理工作。

3. 多因素耦合的综合研究

由于粉尘爆炸受到多种因素的影响，因此研究人员开始将不同因素进行耦合研究，以更全面地理解粉尘爆炸的机理和过程。例如，考虑粉尘的物理性质、化学成分、颗粒大小等因素对爆炸行为的影响，从而得到更具体、更准确的研究结论。这种综合研究方法有助于揭示粉尘爆炸的多因素作用机制，为安全防护提供更科学、更有效的建议和措施。

三、煤尘爆炸及传播的理论研究

（一）煤尘爆炸特性

1.煤尘爆炸机理

目前，关于粉尘爆炸机理的理论主要有热爆炸理论和链式反应理论。分析认为，煤尘爆炸的实质是煤尘急剧燃烧的物理化学过程，热反应和链反应在这个过程中相互影响，并且都在某种程度上发挥作用，推动反应继续进行。

2.热爆炸理论

本质上来说，煤尘爆炸是一个氧化过程，煤尘颗粒在悬浮状态下与氧气的接触面积增大，这样既促进了氧化反应，又增大了受热面积，提高了吸收热量的效率并导致系统内快速升温，加快氧化速度，促进热分解，并释放出可燃气体。氧气与这些气体混合后引发着火，释放的热量会通过热辐射输送给周围的煤尘粒子，受热后煤尘粒子可燃烧，并按照这种顺序快速进行，加快氧化反应并升温，增大受热区间，推动可燃气体迅速向上游流动，在火焰面前形成冲击波。当系统内热量释放大于热量损失时，这种状态可自行维持，周而复始，最终导致发生爆炸。由此可以看出，在适当的氧气含量下，系统内满足反应放出的热量大于损失的热量，即可发生煤尘爆炸。基于热爆炸理论，关于煤尘爆炸机理有两种理论：其一是煤粒遇到点火源时，煤粒会发生热分解，析出挥发分，释放出大量的可燃气体，这些气体包括 CH_4、碳氢化合物（CnH_{2n+2}）、CO、H_2 等。当可燃气体的浓度及温度达到燃烧极限范围内时，即会发生着火现象，释放出大量的热量会通过热传递给未反应的煤尘颗粒，依次加速下去便会发展成为爆炸。同时，释放的可燃气体与氧气发生均质反应。因此，煤尘爆炸看作是在气相中进行的均质反应。其二是氧气与煤尘颗粒表面接触，使颗粒发生表面点火。然后挥发析出的气体在煤尘颗粒周围形成气相层，抑制氧气扩散到煤尘颗粒表面。最后挥发分点火，导致煤尘颗粒重新燃烧。因此，煤尘爆炸看作是在气相、液相和固相中进行的非均质反应。

在非均相点火过程中，氧分子要先扩散到煤尘颗粒表面并发生氧化反应，反应产物再从颗粒表面扩散到周围环境。

目前，判断煤尘点火过程是气相点火还是表面非均相点火尚未形成统一的结论。一般认为煤尘点火是以表面非均相反应为主，且气相点火和表面非均相点火都与加热速率有关，颗粒越小，越容易被加热点燃。

2. 链式反应理论

物质中的活化分子是指少量的、相互碰撞后可发生化学反应的、且具有一定能量的分子。当其他分子遇到活化分子自由基，发生作用后会产生新基，新基继续参与反应，依此进行便可形成一系列的链式反应。所有的连锁反应都经历链的引发、链的传递及链的终止三个阶段。其中，链的引发是在外界能量源激发下，破坏分子键，传递生成新的游离基，消耗掉游离基后，终止连锁反应。

连锁反应中的速度可用式表示：

$$W = \frac{F_c}{f_c + A(1-\alpha) + f_s}$$

式中，

F_c——反应物浓度函数；

f_c——链中气态的销毁因素；

f_s——链中容器壁销毁因素；

A——与反应物浓度相关的函数；

α——链的分支数，在直链反应中 $\alpha=1$，支链反应中 $\alpha > 1$。

连锁反应中，反应系统的压力、温度、容器大小等条件都能影响反应速度。当 $f_c + A(1-\alpha) + f_c \to 0$ 时，就会发生爆炸。

（二）煤尘爆炸条件

爆炸五边形中指出煤尘爆炸要满足以下条件：（1）具有爆炸性；（2）有能够引燃的点火源；（3）含氧量充分；（4）悬浮状态且有一定浓度；（5）足够的密闭空间。

1.具有爆炸性

煤尘的挥发分含量决定煤尘是否具有爆炸性，其含量越高，煤尘的爆炸下限就越低。也可以用爆炸指数来判定煤尘中挥发分含量，记为Vdaf，即煤尘中的挥发分占可燃物质的百分比。对煤尘进行工业分析测试，对应爆炸指数的计算公式为：

$$V_{daf}=V_{ad}/（100-A_{ad}-W_{ad}）\times100\%$$

式中，V_{daf} 为爆指数，%；

V_{ad} 为挥发分含量，%；

A_{ad} 为灰分含量，%；

W_{ad} 为水分含量，%。

挥发分含量为10%作为一个界限值，超过10%后的煤尘具有爆炸性。

2.有能够引燃的点火源

煤尘爆炸时必须存在能引燃煤尘的点火源，一般要求点火能量要大于煤尘的最小点火能。常见的点火源包括热表面、电火花、爆炸火焰、静电、机械摩擦发热、煤尘自热等。

通过实验测试，得出煤尘点火温度与挥发分含量之间的关系为：

$$T_b=273+805\exp（0.92/V_{daf}）$$

式中，T_b 为点火温度，K；V_{daf} 为煤的工业分析挥发分含量，%。

3.含氧量充分

煤尘燃烧的基础是有足够的含氧量，当空气中的氧浓度大于18%，煤尘才可能发生爆炸。当空气中的氧含量低于18%时，煤尘氧化反应速率太低，放热速率不能维持火焰传播，即使煤尘浓度处于极限范围内，且存在能引燃煤尘的点火源，煤尘也不能发生爆炸。

4.悬浮状态且有一定浓度

只有煤尘在空气中呈悬浮状态，与氧气的接触面积才足够大，才可能发生氧化反应，并且要求煤尘浓度处于极限范围内，才会发生爆炸。煤尘的极限浓度包括爆炸下限与上限，它们是指煤尘可以发生爆炸的最小浓度和最大浓度。实验得出，常压下煤尘可以发生爆炸的下限浓度在 $30g/m^3 \sim 50g/m^3$ 范围内，上限浓度在 $1000g/m^3 \sim 2000g/m^3$ 范围内，其中在 $300g/m^3 \sim 500g/m^3$ 范围内的煤尘爆炸威力最强。

5. 足够的空间密闭程度

只有在密闭或相对密闭的空间，煤尘燃烧才能产生较高的压力和温度，继而发生爆炸。

（三）煤尘爆炸过程

煤尘爆炸是悬浮的煤尘与空气中的氧气遇高温热源发生剧烈的氧化反应，是复杂的物理化学链式连锁反应。

煤尘是煤炭颗粒，单个煤尘粒子的表面因有大量的缝隙，因单个煤尘颗粒表面积增大，使煤尘群总比表面积增大，吸收的能量增多，使得煤尘表面活性与氧气发生反应的能力增强。

煤尘燃烧爆炸既有均相过程也有非均相过程，是一种瞬间的链锁反应，属于不定常的气固两相流反应，其燃烧爆炸要经历下面四个过程：

1. 空气中的氧气分子扩散到煤尘粒子表面

煤本身是可燃物质，经粉碎成为颗粒，极大增加其比表面积。以煤尘云的状态悬浮于空气中，煤尘颗粒的吸氧和被氧化的能力增强，在高温热源作用下，与氧气发生反应。

2. 挥发分及可燃物扩散

悬浮的煤尘在高温热源作用下，在吸收大量的热之后，温度升高到 $300℃ \sim 400℃$ 时，急剧增强煤的干馏，释放出大量可燃气体，主要包括 CH_4、H_2 和碳氢化合物。

3. 开始化学反应生成可燃气体

扩散出来可燃气体积聚于煤尘颗粒周围，包裹住煤尘颗粒，在气体浓度达到一定值并吸收足够能量后，与空气中氧气混合发生燃烧，链式反应开始，产生大量的自由基，煤尘颗粒发生闪燃。

4.反应物扩散

到气流中当煤尘颗粒被氧化后，通过火焰辐射及对流传导的方式将释放热量传递给附近未燃的煤尘颗粒，更多的煤尘颗粒参与链式反应，反应速度迅速增加，导致燃烧过程循环继续下去，煤尘燃烧不断加剧，促使火焰传播速度及压力急剧上升，到达一定程度后煤尘就从燃烧发展成为爆炸。

（四）煤尘爆炸传播特性

1.煤尘爆炸冲击波的结构

大量的微波经数次迭加后形成了爆炸冲击波，图 3-1 表示冲击波的形成过程。开始阶段为煤尘燃烧形成的空气压缩波，之后后面压缩波追赶前面的压缩波使发生畸变，达到某一程度时，压缩波发展成为冲击波。由于爆炸产物的急剧扩散，短时间内剧烈压缩周围气体，即形成冲击波。

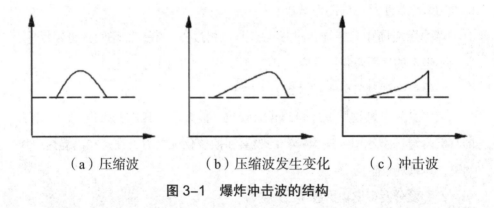

（a）压缩波　　　　（b）压缩波发生变化　　　（c）冲击波

图 3-1　爆炸冲击波的结构

如图 3-2 所示，该图表示某测点的冲击波峰值超压图（ΔP 为超压峰值），该测点与爆源点有一定距离。从图 3-2 中能够看到冲击波波阵面超压峰值的变化规律。因爆轰而形生成的产物急剧扩散，产生的高压气体剧烈压缩周围气体，经层层迭加后，形成冲击波。冲击波在向前传播时，推动被压缩气体以小于波阵面的速度向前运动。在没有形成冲击波时，波阵面为大气压。之后，被压缩气体不断向前追赶冲击波，在形成冲击波的瞬间，波阵面压力发生变化，增大了 ΔP。冲击波继续向前传播，由于管道的摩擦作用及压缩波前气体膨胀等原因导致冲击波能量降低，波阵面压力迅速衰减成正压。冲击波继续传播，压缩气体压力持续降低，最终形成低于环境压力的负压区。

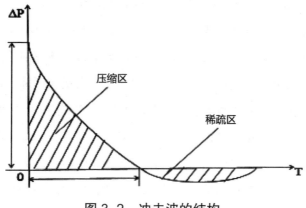

图 3-2　冲击波的结构

煤尘爆炸传播是从气固两相流爆轰波传播阶段到爆炸冲击波自由传播阶段。在开始阶段，煤尘在高温热源下燃烧生成大量的气体产物，与未反应的煤尘共存，此时形成冲击波在前，火焰波在后，二者共同作用，向前传播；在后来阶段，煤尘已燃烧完全，此时无外界能量继续补给，冲击波以空气波再继续向前传播，持续一段时间较高的压力和温度后再逐渐衰减。在后续传播阶段，空气波会受到壁边界的制约及壁面摩擦的影响发生反射，且随反射角的不同，冲击波发生规则反射和不规则反射。

2. 煤尘爆炸冲击波传播特性

煤尘和空气混合物形成爆炸冲击波在传播过程中，冲击波的高温可以加热、继而引燃煤尘颗粒。在满足燃烧释放的热量能够保障冲击波稳定传播的前提下，可以形成两相爆轰波，用 C-J 理论和 ZND 模型均可解释爆轰波结构。

C-J 理论把爆轰波简化为一个冲击压缩间断面，在该间断面上所有物质的物理状态变化时间极短。初始和结束状态的物理变化通过动量、能量和质量的守恒定律相联系，实现了对气相爆轰的预测。

在 ZND 模型中，对 C-J 理论进行改进，仅考虑化学反应效应，不考虑能量耗散，前导冲击波过渡到后续的化学反应区构成的间断即为爆轰波。经过前沿冲击波阵面后，原始爆炸物受到强烈冲击压缩，但在此处化学反应还未发生，而是在反应区的终端断面处完成化学反应，此断面为 C-J 面，同时在该断面处形成爆轰产物。在此，就形成了一个完整的爆轰波阵面，即由前导冲击波与后续化学反应区构成。该波阵面将原始爆炸物与爆轰产物隔开，并以同一爆速传播。ZND 模型认为爆炸冲击波是强冲击波，具有高速化学反应驱动。

ZND 模型中，爆轰波看作由前导冲击波与后续化学反应区组成。当冲击波压力增大到最大值后，由于化学反应驱动，压力迅速下降，该反应过程不可逆。爆轰波在反应区内的化学反应沿直线向前有序推进，一直到反应结束。在形成爆轰波的过程中，其内部环境并不满足有序推进的稳定状态，爆轰波阵面不能保持均匀，会受到诸多因素的影响，其中包括爆轰介质的密度及化学成分的不均匀性、各种环境因素扰动和内部介质之间因相互干扰而引起多种化学反应影响进程。此外，ZND 模型未考虑输运效应和能量耗散过程，实际情况与对反应区的描述不完全相符。

3. 煤尘爆炸传播过程

在水平半封闭管道内无障碍物的情况下，煤尘爆炸分为以下几个过程：

（1）满足爆炸极限浓度范围的煤尘云与氧气在高温热源下发生反应，燃烧的火焰锋面呈球形，从已燃区向未燃区传播。

（2）水平管道内充满预混气体，沿管道火焰面极速推进。在燃烧过程中，由于煤尘过量、氧气量不足或预混不均匀等情况造成煤尘的不均匀燃烧，会产生大量的 CO 气体和浓烟，高温会使得这些毒害气体扩张，推动前方未燃气体，形成的压力波以声速大小传播，压力波扰动火焰前方的预混气体，造成升压和升温。

（3）当传播过程中的释放热量远大于损失热量时，火焰锋面的燃烧反应和燃烧波的传播都会提高速度，产生更强的压力波，并以声速向前传播。

（4）随后压力波继续传播，由于波速增加，压力波发生追赶，进而产生重叠现象，压力波以超声速传播并剧烈扰动未燃区域，造成未燃区域煤尘云的压力和温度急速升高，促使燃烧波加速传播。

（5）煤尘燃烧不断加速，冲击波强度也不断提升。煤尘云受燃烧峰面膨胀作用的推动向前运动，使得爆炸火焰区的传播距离远大于原始煤尘云积聚区，火焰锋面的速度达到最大，并产生最大超压。在煤尘云燃烧结束后，冲击波由爆炸区到一般空气区继续传播并逐渐衰减，并且压力和速度也逐渐减小，直到衰减为声波然后消失。由此可知，在没有障碍物的水平管道内，煤尘爆炸多以爆燃的状态传播。在煤尘燃烧过程中，大量气体产物形成的叠加压缩波会推动冲击波向未扰动气体中传播。煤尘爆炸在传播过程呈现两种波的形态，形成三个流场区域，也即"两波三区"。

4. 煤尘爆炸传播的影响因素

煤尘在燃烧爆炸区内冲击波受多方面因素的影响，不仅与煤尘的基本性质有关，而且与煤尘云状态及外界条件也有关，主要影响因素如下：

（1）煤尘量及聚积区长度

参与爆炸的煤尘量不同，产生的冲击波压力峰值也不同，形成的煤尘云聚积区也不同。产生的爆炸冲击波压力峰值和煤尘聚集区均随煤尘量的增大而增大，并且产生的爆炸能量也随之增大。

（2）点火能量

存在可以引燃煤尘的点火源是煤尘爆炸的必备条件，而且点火源的点火能量要大于煤尘的最小点火能。点火能量越大，煤尘爆炸越容易发生。

（3）点火位置

煤尘爆炸冲击波超压峰值的大小及传播距离受点火位置的影响。巷道的一端封闭一端开口，在煤尘区的封闭端点火，点火起爆后，爆炸波沿巷道向开口方向传播，火焰波与压力波互相影响，共同作用，则爆炸会释放出更大的能量，使冲击波产生的超压峰值更大且传播更远。巷道一端开口另一端封闭，在煤尘区的中间位置点火，点火起爆后，爆炸波沿管道同时向两个方向传播（开口端与封闭端），传播到封闭端处爆炸波会发生反射，再向开口端方向传播。反射后因管道壁面热损失等原因，冲击波阵面的能量减小，使得冲击波超压峰值和传播距离均变小。

（4）壁面粗糙度

煤尘在管道内爆炸传播，受壁面粗糙度的影响。因壁面的粗糙产生的摩擦阻力，造成冲击波能量损失很大，会抑制爆炸冲击波的传播。煤尘爆炸过程中包含复杂的化学反应，因粗糙的管道壁面可提高燃烧区内的湍流程度，增加燃烧区的化学反应速率，加快爆炸过程中火焰的流动、提高爆炸波的超压峰值，会激励爆炸冲击波的传播。总体来说，激励作用占主导地位。

（五）煤尘爆炸抑制研究

煤尘爆炸抑制是指在爆炸波传播过程中扑灭爆炸波火焰、降低冲击波压力，以减少爆炸灾害造成的损失。常用的抑爆方式有撒播水雾或粉体抑制剂，其中，粉体抑制剂对于煤尘爆炸的抑制得到了广泛应用。

1. 煤尘爆炸抑制机理

粉体抑制剂的作用机理可分为物理作用、化学作用以及物理化学混合作用三种类型。

（1）物理作用机理

主要表现在吸收热量、屏蔽隔绝热传导和生成惰性物质三个方面。其一、吸收热量。在抑制爆炸反应过程中，添加惰性粉体可以吸收爆炸产生的热量，降低系统的温度，导致煤尘颗粒因热传导和热辐射而来的热量减少，煤尘颗粒表面温度下降，不利于煤尘挥发分的析出并降低了氧化反应速率，减少了煤尘燃烧或爆炸的可能性。其二、屏蔽阻隔热传导。悬浮的惰性粉体既占用体系的一定空间，还围绕在煤尘颗粒附近，屏蔽阻隔煤尘颗粒间的热传导和热辐射，降低了煤尘燃烧速率，增加了爆炸传播的难度。其三、粉尘分解产生惰性物质。在爆炸反应达到一定的温度时，碳酸盐类的惰性粉体可分解生成水、二氧化碳等惰性物质。惰性粉体的分解与生成的水在反应过程中都吸收了部分热量，降低了体系的温度，而分解生成二氧化碳等气体又可稀释体系内的氧气浓度，从而惰性粉体发挥了冷却窒息的作用，达到了抑制爆炸反应的目的。

（2）化学作用机理

主要表现在惰性粉体反应生成的活性基团吸收煤尘爆炸反应产生的自由基，生成的产物化学性质稳定，自由基的数量因大幅度减少而导致链反应无法持续进行，最终导致火焰熄灭，达到取得抑制燃烧爆炸的效果。

（3）物理化学混合作用机理

综合了物理和化学两方面的抑制机理，在抑制爆炸反应过程中，惰性粉体既可以吸收爆炸产生的热量，产生的活性基团又能吸收自由基，生成稳定的产物，中断链式反应，抑制爆炸反应。

2. 煤尘爆炸抑制材料分类

抑制剂按使用时间的不同分为惰化剂和抑制剂，在爆炸发生之前使用的是惰化剂，在爆炸初期使用的是抑制剂，两者使用的材料基本相同。传统的固体粉末抑爆材料大多利用其灭火性能来中断燃烧、熄灭火焰，抑制煤尘爆炸传播，缩小爆炸范围。常用抑爆剂包括碳酸盐、SiO_2、卤化物、磷酸盐及碳酸氢盐等，它们都具有不同的抑爆效率。

（五）煤尘爆炸的研究现状及发展趋势

煤尘爆炸是矿井五大灾害之一，严重影响着矿井生产安全和矿工作业安全。据统计，在全世界每年发生的各类粉尘爆炸事故中，煤尘爆炸事故约占9%[1]，而在中国这一比例更是高达35%。由于我国依然是最依赖煤炭的国家，我国的能源格局是多煤、少气、缺油，煤炭资源在未来很长一段时间仍将占据我国能源的主导地位[2]。近年来，随着科学技术的创新和发展，煤矿开采的机械化、自动化程度不断提高，矿井工作人员安全管理能力和安全意识不断增强，重特大事故的发生频率显著下降，但由煤尘爆炸导致的较大及一般事故仍时有发生。因此，做好煤尘爆炸的研究工作具有重要意义。

1. 煤尘的爆炸机理研究

当前，热爆炸及链式反应理论是解释煤尘爆炸机理的较为成熟的理论之一。当某一燃烧反应在一定空间内进行时，如果散热困难，反应温度持续升高，反应速度加快，则可能会发生爆炸，这种由于热效应引起的爆炸被称之为热

---

① YUAN Z, KHAKZAD N, KHAN F, et al.Dust explosions: A threat to the process industries [J].Process Safety and Environmental Protection, 2015, 98: 57-71.

② 赵媛媛.井下煤尘爆炸特性及降尘抑爆技术研究 [D].太原: 中北大学, 2017.

爆炸；赵江平等[①]基于热爆炸理论，提出煤尘爆炸的原因是热反应和支链反应；王春莲[②]、冷杰宣[③]等认为煤粉末在温度300~400℃的环境下，会释放出甲烷、乙烷等可燃性气体，这些可燃性气体与空气混合并吸收一定的能量，游离基被激活，链反应开始。煤尘发生燃烧，并通过链传递系统将化学反应持续进行下去，在此过程中能量不断以热辐射、热对流、热传导等方式传递至周围煤尘粒子表面，促使燃烧反应加剧，当火焰速度达到某一临界值时，煤尘的燃烧转变为爆炸。尽管目前煤尘爆炸机理尚未被完全充分揭示，但各理论之间具有若干共性认识：煤尘粒子的表面在高温下会产生可燃性气体，即挥发分，其中包括甲烷、乙烷、氢气和其他碳氢化合物等，这些可燃性气体与空气混合遇高温会燃烧并释放出大量的热，受热后的煤粉末将其热量传递给附近悬浮的煤尘，使得这些煤尘受热后加速分解，继而产生可燃性气体并与空气混合燃烧、引爆，如此循环下去。目前，针对在瓦斯、煤尘共存条件下，二者相互影响的着火爆炸机理、瓦斯诱导沉积煤尘的扬尘机理的研究较少，煤尘爆炸发生的机理还未形成完整的理论体系，仍需进行大量的研究工作。

2. 煤尘的爆炸特性研究

爆炸特性是从数值上衡量可燃物爆炸性质的物理参数，为了更好地了解煤尘爆炸发生、发展的过程及其影响因素，国内外学者对煤尘爆炸的特性参数进行了大量的研究。GOINGJE等[④]采用1m³和20L爆炸装置对无烟煤、烟煤和天然沥青等的爆炸下限和极限氧浓度进行了研究，研究结果表明对于较小的试验体积，极限氧浓度往往显示出较低的结果；美国矿业局在20L爆炸装

① 赵江平，王振成.热爆炸理论在粉尘爆炸机理研究中的应用［J］.中国安全科学学报，2004，14（5）：84-87.

② 王春莲.煤尘爆炸产生的机理及特征研究［J］.煤炭技术，2012，31（11）：125-126.

③ 冷杰宣，卢甲斌，于鸽.矿井煤尘爆炸机理及预防技术［J］.采矿技术，2009，9（4）：55-57.

④ GOING J E，CHATRATHI K，CASHDOLLAR K L. Flammability limit measurements for dusts in 20 – L and 1-m3 vessels［J］.Journal of Loss Prevention in the Process Industries，2000，13（3-5）：209-219.

置中的实验结果表明，高挥发性和小粒径煤尘更危险[1]；李庆钊等[2]研究了无烟煤、烟煤和褐煤 3 种煤尘在不同初始压力和瓦斯含量影响下的爆炸特性；高聪等[3]测试了煤样的爆炸下限，获得了其最大压力及最大压力上升速率的变化规律；SONGSX 等[4]采用 20L 球形爆炸容器对甲烷—煤尘气固混合物的爆炸特性进行了研究，指出在低煤尘浓度下，混合甲烷—煤尘爆炸的最大爆炸压力大于煤尘爆炸的最大爆炸压力，但随着煤尘浓度的不断增加，二者的最大爆炸压力趋于相等；刘义等[5]通过实验研究了甲烷—煤尘混合体系中煤尘爆炸下限的变化规律，显示甲烷体积分数的升高能明显降低混合体系内煤尘的爆炸下限；屈姣等[6]的实验结果表明在相同煤尘浓度下，随着（V_{CH_4}/V_{O_2}）的增大，褐煤—甲烷—空气混合物最大爆炸压力减小；刘浩雄、李润之等[7]通过实验对煤尘二次爆炸及瓦斯、煤尘共存条件下的爆炸特性进行了大量的研究。山东科技大学、北京理工大学、南京理工大学、西安科技大学、中煤科工集团重庆研究院有限公司等单位通过大量的实验对煤尘的爆炸特性进行了研究，取得了一些研究成果[8]。现有单因素、空间和时间相对较小尺度的研究理论无法精确解释煤尘爆炸致灾过程，还需要攻克多因素及特殊环境下的煤尘爆炸研究难点。

---

①　CASHDOLLAR K L.Coal dust explosibility［J］.Journal of Loss Prevention in the Process Industries，1996，9（1）：65-76.

②　李庆钊，翟成，吴海进，等.基于 20L 球形爆炸装置的煤尘爆炸特性研究［J］.煤炭学报，2011，36（增刊 1）：119-124.

③　高聪，李化，苏丹，等.密闭空间煤粉的爆炸特性［J］.爆炸与冲击，2010，30（2）：164-168.

④　SONG S X，CHENG Y F，MENG X R，et al.Hybrid CH4 /coal dust explosions in a 20-L spherical vessel［J］.Process Safety and Environmental Protection，2019，122：281-287.

⑤　刘义，孙金华，陈东梁，等.甲烷—煤尘复合体系中煤尘 爆炸下限的实验研究［J］.安全与环境学报，2007，7（4）：129-131.

⑥　屈姣，邓军，王秋红，等.褐煤煤尘云在不同环境气氛的 燃爆特性［J］.西安科技大学学报.2018，38（4）：546-552.

⑦　刘浩雄，刘贞堂，钱继发，等.煤尘二次爆炸特性研究［J］.工矿自动化，2018，44（6）：80-86.

⑧　左前明.煤尘爆炸特性及抑爆技术实验研究［D］.青岛：山东科技大学，2010.

第四章 粉尘爆炸防护技术

第一节 预防性措施与管理策略

一、粉尘爆炸预防控制策略分析

根据粉尘爆炸的形成条件和特点，可以采取以下几个方面对策措施对粉尘爆炸进行预防和控制。

（一）安全管理措施

第一，对于不确定是否存在可燃性粉尘的企业，应当请有符合国家要求的专门的爆炸性粉尘鉴定机构进行检测分析认定，出具粉尘测试报告。根据测试报告的结果，可以识别企业内部可燃性粉尘及其分布区域，并根据实验测试的粉尘参数，制定相对应的安全管理措施，制定粉尘防爆安全检查表并定期进行现场检查。对存在可燃性粉尘的厂房、工艺设备等区域，企业应该重点检查。发现隐患应及时整改。

第二，加强对员工的培训教育，使员工能够了解粉尘及其爆炸的相关知识，并熟知防止粉尘爆炸的一些防范措施，企业应该细化应急预案现场处置方案，并定期组织员工进行安全演练。

第三，按照规定建立定期清扫粉尘制度。清扫时不应使用压缩空气进行吹扫，以免形成二次扬尘，可以采用洒水降尘以及负压吸尘等方式进行清扫。

第四，有粉尘爆炸危险的生产车间、设备、管道处应该严禁各类明火，在粉尘爆炸危险区域进行检维修动火作业时，应事先清扫设备、管道、地面等沉积的粉尘，停止可能产生粉尘的作业，并按规定办理动火作业证。检维修作业时应当使用防爆工具，不得敲击各金属部件，以防止火花产生。

第五，保持设备、管道的密闭性。提高操作自动化水平，减少粉尘外泄。

（三）安全技术措施

1. 点火源控制

在控制点火源方面，需要采取一系列措施来降低粉尘爆炸的风险。首先，防止机械火花与摩擦是至关重要的。这包括在设备运行中采取有效的润滑措施，定期检查和维护设备以确保其良好运行状态，并使用防火涂料或其他隔热材料覆盖易产生火花的表面。其次，静电积累与放电也是需要重点关注的问题。静电的产生通常与粉尘颗粒的摩擦或分离过程有关，因此需要在可能产生静电的设备和工艺中采取相应的防护措施，如接地、使用导电材料或防静电设备等。另外，使用粉尘防爆型电气设备也是一项有效的控制措施，这些设备具有防爆性能，能够有效防止电气设备产生的火花引发爆炸。此外，还需防止自燃的发生，这可以通过控制粉尘的湿度、储存条件和通风情况来实现。最后，需要严格控制明火的使用，尤其是在易燃粉尘环境中，必须采取措施确保火焰不会接触到粉尘，以防止引发爆炸事故的发生。

（四）防范措施

粉尘爆炸可以采取如下防范措施，如：泄爆、隔爆、抑爆等。

1. 在建、构筑物壁面或者设备处、管道处设置泄压设施，使内部的爆炸压力在达到建、构筑物或设备、管道的破坏压力之前被泄放。建筑物泄压：利用房间的外墙、屋顶或者门窗来实现。泄放口附近应保证足够的安全空间，不应朝向操作间、办公室等有人员集中的场所，使人员免受危害，且使有关安全的设备和主要设备不受到影响。设备泄压：最大泄爆压力不应超过设备的设计压力。设备上所有承受爆炸压力的部件，如阀门、视镜、人孔、清扫口以及管道都应具备此设计强度。泄压装置的安装应避免人员受到泄爆危害，且不应使对安全有重要意义的设备操作受到影响。管道爆炸泄压：管道的泄压面积应大于等于其管道的横截面积。安装在室内的管道应靠外墙布置，并设通向室外的泄压导管。管道泄压装置的静开启压力不应大于与管道相连设备的泄压装置的净开启压力。宜每隔 6m 设置一个径向泄压口。对于竖直管道，可每楼层设置一个泄压口。

2. 在粉尘爆炸形成初期，利用温度或压力传感器探测到爆炸事故发生后，应立刻切断车间电源、停车、关闭隔爆装置、开启灭火设施等安全设施以抑制爆炸发展。

3. 在粉尘爆炸发生以后，可采用隔爆阀等隔爆装置。

4. 在采取其他安全措施仍无法保证安全生产时，可采用惰化的方式，在筒仓、气力输送管道中通入惰性介质（如 N_2、CO_2 等）以代替空气。

（五）通风除尘系统

通风除尘系统在工业生产中起着至关重要的作用，它能够有效地收集生产工艺过程中产生的粉尘，限制粉尘扩散的范围，从而降低场所中的粉尘浓度，保障了生产环境的清洁和员工的健康安全。然而，除尘系统作为收集粉尘的重要设备，其内部往往聚集了大量的粉尘，存在着较大的粉尘爆炸风险。为了有效应对这一问题，需要采取一系列相应的措施。

首先，可以考虑采用负压式除尘系统。负压式除尘系统能够有效地控制粉尘在系统内的扩散，降低爆炸的风险。其次，除尘系统应按防火分区独立设置，以防止各个除尘系统之间因互相连通而造成连锁爆炸的发生。这样可以有效地隔离爆炸的传播，降低爆炸的危害。另外，需要注意加剧爆炸危险的介质不能共用一套除尘系统。例如，铝粉和铁粉等易燃物质应当分别处理，以避免不同物质之间的混合导致爆炸风险的增加。除此之外，还应对除尘系统采取泄爆、隔爆、抑爆、惰化以及抗爆等防护措施，以确保系统在发生爆炸时能够有效地抵御爆炸的影响。同时，应设置符合规范要求的泄爆装置，以及安装与除尘器同步的锁气卸灰装置，以便在需要时迅速释放内部的压力，并及时清除积聚的粉尘。最后，需要定期对除尘系统进行清理和维护，防止粉尘的堆积和积累，减少潜在的爆炸风险。通过以上一系列措施的综合应用，可以有效地提高通风除尘系统的安全性和稳定性，降低粉尘爆炸的风险，确保生产环境和员工的安全。

二、预防性管理措施与实践案例

案例一：可燃性粉尘爆炸及其预防控制

生产性粉尘是当前我国危害最严重的职业性危害因素，其导致的煤工尘肺、硅肺、硅酸盐肺和其他尘肺占我国职业病患者群体和新产生的职业病种类构成首位。生产性粉尘的危害除上述职业健康问题外，其中可燃性粉尘爆炸所致的职业安全健康问题切不可忽视。

1. 可燃性粉尘与粉尘爆炸定义

可燃性粉尘是指能与空气中的氧气等氧化剂发生化合反应，短时间释放出大量燃烧热能并发生爆炸的一类粉尘。粉尘爆炸是指悬浮于空气中的可燃性粉尘颗粒物在接触到点火源（如明火、电火花、放电）时发生的爆炸。粉尘爆炸发生时，火焰瞬间传播于整个混合粉尘空间，化学反应速度极快，同时释放大量的热，形成高温和强压，系统的能量转化为机械功、光和热的辐射，具有很强的破坏力，易产生二次或多次爆炸，并能产生有毒气体。可燃性粉尘可以分为以下几类：炸药粉尘（如三硝基甲苯粉尘、黑索金粉尘等）；金属粉尘（如镁粉、铝粉、铁粉、锌粉等）；煤炭粉尘；合成材料粉尘（如染料、橡胶等）；农产品粉尘（如烟草、棉花、茶叶粉等）；林产品粉尘（如纸粉、木粉等）；粮食粉尘（如淀粉、奶粉、糖等）；饲料粉尘（如骨、鱼粉等）。

2. 粉尘爆炸原理

厂矿生产过程中超过 70% 粉尘是可燃的。发生粉尘爆炸燃烧常见的原因是尘粒本身或其表面附着有较强的还原剂（如 C、H、N、S 等元素），当其与过氧化物及易爆粉尘共同存在时，便发生氧化还原反应，在化学反应过程中往往生成大量的气体，有时气体量虽小，但短时间内释放巨大的燃烧热能，例如当铝粉与二氧化碳气体共同存在时就会有爆炸的危险。粉尘爆炸是一个非常复杂的过程，受到很多物理因素的影响，其爆炸机理尚未完全明确。一般认为粉尘发生爆炸的难易程度与其物理、化学性质及环境条件等密切相关：

（1）氧化速度

粉尘爆炸是粉尘表面粒子与氧化剂发生反应引起的，一般认为氧化速度快的尘粒（如染料、镁粉、氧化亚铁等）容易发生爆炸。

（2）燃烧热

当混合尘粒在与氧化剂发生化合反应时，会释放出大量的燃烧热，燃烧热越大的物质（如碳、煤尘、硫黄等）越易发生爆炸。

（3）荷电性

通常情况是易荷电的粉尘（如淀粉、合成树脂粉末、纤维类粉尘等）也易引起爆炸；即使一些导电不良的物质在与机器或空气的不断摩擦过程中也能够产生静电，当电荷积聚达到一定量时，就会放电产生电火花，成为爆炸的火源。化学性质比较稳定的粉尘，如砂砾、氧化铁、土、石英粉等，一般不易与氧化剂发生化合反应，也不易燃烧并发生爆炸。但是，当这类粉尘存在于可燃气体中（如煤气、一氧化碳、油雾、甲烷等），也可引起爆炸。

3. 粉尘爆炸发生的条件、特点和主要危害

发生粉尘爆炸应具备的条件：第一，高浓度可燃性粉尘在相对封闭空间的空气中悬浮；而沉降在车间设备和地面上的沉积粉尘是发生二次爆炸的重要因素。第二，具有充足的空气或氧化剂。第三，有明火或者有摩擦与强烈振动等点火源。

粉尘爆炸的特点主要表现为：第一，粉尘爆炸的最大特点之一就是多次爆炸。静止堆积于地面或设备表面的粉尘会被首次爆炸的气浪吹扬起来，此时在爆炸中心区就成为负压区，新鲜空气由周围向中心填补进来，被吹起的粉尘与空气再次混合，故而引起二次爆炸。第二，大多数粉尘云爆炸所需的最小点火能量较高，一般在 5~50mJ，比气体爆炸高 1~2 个数量级。第三，相对密闭的空间是可燃性粉尘爆炸发生的必要条件，爆炸后温度和压力急剧上升，与可燃性气体爆炸比较，粉尘爆炸产生的压力上升较缓慢，高压持续时间长，释放能量大，破坏力强。

粉尘爆炸造成的危害主要有以下几方面：第一，破坏性极强。一方面表现在破坏程度严重，爆炸时瞬间释放出大量的热能，化学反应释放的高温可达到两三千摄氏度，处在爆炸波及范围内的人员，其皮肤可能瞬间发生碳化；另一方面表现在爆炸涉及的范围广，工农业生产及农、林、渔、牧业的产品加工（如粮食加工、金属材料加工、煤炭、化工、纺织、饲料加工）等都可能发生。第二，常常伴随二次爆炸。粉尘二次爆炸时的浓度要远远高于第一次爆炸，因此二次爆炸的破坏性较第一次要大得多。爆炸产生的冲击力同样惊人，有时甚至可将重型机器设备炸飞到车间墙外。第三，有毒气体的产生。一氧化碳是最常见的一类，因爆炸瞬间高温碳化不完全所致，另外爆炸物本身高温分解也会产生有毒气体。爆炸后大量的人畜伤亡往往是由爆炸产生的毒气造成的，应予以充分重视。

4 粉尘爆炸的预防和控制

国家安全生产监督部门对粉尘爆炸事故防范有完善、细致的指导和要求，包括防火防爆安全设施配备、员工培训考核、安全措施效果评估等。企业应有环境－健康－安全部门（EHS）或有关专业人员专门负责。职业卫生现状评价要求对粉尘超标点追踪检测三年，分析趋势和评价；分析超标原因和提出整改建议，同时进行防护设施参数检测，评判有效性；无有效整改就不能变成达标。企业发生安全事故后企业法人应被追究责任；安全生产监管对外资企业可能存在监管盲区，监管部门渎职应被追究法律责任；必要时相应的职业安全卫生服务机构也要调查追究责任，以重塑责任链。除监督管理外，从技术层面看，预防控制粉尘爆炸的关键是去除可燃物、点火源、氧化剂这三个基本要素中一个或多个。

（1）消除可燃物

消除或降低生产环境中的可燃性粉尘浓度，使其控制在爆炸极限以下是非常关键的。不同种类可燃性粉尘的爆炸极限不同，爆炸极限即粉尘的浓度范围值，一般可用质量浓度表示（g/m^3）也可用体积百分数表示（%），当空气中粉尘浓度低于爆炸极限下限值或高于上限值时都不会发生爆炸。实际工作中，爆炸极限值尤其是下限值具有重要意义，它是评定可燃性粉尘危险性的依据，也是用来制定安全生产规程的依据。获得不同种类单一粉尘爆炸极限值数据可通过查阅专业书籍、工具书籍、安全生产手册等。但是，目前还没有混合性粉尘爆炸极限值可供参考，混合性粉尘的爆炸极限常常低于其中单一粉尘的下限值，也即混合粉尘爆炸的危险性更大。

另外还可通过测试获得粉尘的极限值，测试方法可依据现有国家推荐标准 GB/T12474—90《空气中可燃气体爆炸极限测定方法》及 GB15577—2007《粉尘防爆安全规程》进行。还可以通过改革工艺过程、革新生产设备等技术措施实现生产过程中可燃性粉尘浓度的控制，实际工作中可应用湿式作业、安装抽风除尘设备、采用负压吸尘等减少粉尘逸散并及时转运处理等方法；对不能采取湿式作业的场所，应采用密闭吸风除尘的办法；凡能产生粉尘的设备均应尽可能密闭，并加设局部抽出式机械通风装置，防止粉尘外溢；抽出的含尘空气应经除尘处理后再排入大气中。经常性地清扫工作台面、设备表面、车间厂房等，防止粉尘沉积也是消除可燃物的重要途径。

（2）消除点火源

任何可燃物的燃烧或爆炸都存在一个阈值，超过这个阈值才能燃烧引发爆炸，如果没有初始能量或初始能量低于阈值，就不会发生燃烧及爆炸。各种粉尘的理化性质不同，所需最小引爆能量也不同。现有的研究资料表明：引燃可燃粉尘所需点火能量的选取通常根据现行标准执行，但各标准推荐的点火能量不尽相同。例如，对于爆炸下限的测定，国标 GB/T16425 推荐的点火能量为 10kJ，欧洲标准 EN14034 推荐的点火能量为 2kJ，美国标准 ASTME1226 则为 2.5kJ，实际工作中一定要注明参考的来源和出处。通常可以采取消除明火、防止局部过热、可靠接地、不用铁质工具敲击等措施消除初始能量。如袋式除尘器内粉尘与滤袋摩擦、撞击生成静电火花是粉尘爆炸的主要点火源，当在滤袋中植入金属导线并可靠接地后，静电就能及时释放，避免电火花的产生。

（3）消除氧化剂

其实就是一个惰化的过程，即控制氧气浓度，使其浓度降低到极限浓度以下，常用氮气、二氧化碳等惰性气体替代氧气，一般用于密闭条件好、内部无人作业的筒仓等设备中。另外车间保持通风换气也是切实可行的一种办法。此外，为使粉尘爆炸的损失尽可能降低，应在具有粉尘爆炸风险的车间采用泄爆、隔爆、抑爆等措施，阻断爆炸的传播通道或使爆炸空间由密闭变成敞开式，同时应做到经常性正确清洁厂房、车间的工作台面和地面等易堆积粉尘的地方，防止积尘被再次吹扬起来，避免二次爆炸的发生，做到安全、卫生兼顾，使爆炸造成的损失降到最低。对于可燃性粉尘爆炸的防控，职业卫生工作人员应遵循三级预防的原则，通过现场访视和相关人员做好日常工作中的管、教、护、查等工作，配合相关安全监督部门将监督管理工作落到实处，使企业主承担起应有的社会责任，树立以人为本、生命无价的概念。

案例二：风水沟矿煤尘灾害预防与治理

在煤矿的生产过程中，会有多个生产工艺产生煤尘，煤尘是一种严重影响生命健康的灾害，由于会导致粉尘爆炸影响井下安全作业，同时煤尘会导致井下工人产生尘肺病，故而对其预防与治理十分重要。风水沟矿位于内蒙古自治区，所属的矿区位于干旱少雨地区，为干旱大陆性季风气候，冬季寒冷、夏季炎热、春秋两季多风。该矿井处于富水性较弱、导水性较差的断层，易于发生煤尘灾害，故需进行预防与治理。

1. 煤尘来源

在风水沟矿的生产过程中存在如表4-1所示的粉尘产生场所，在不同地点产生的煤炭粉尘量不同，故而根据《煤矿井下粉尘综合防治技术规范》进行监控监测，并在相应距离设置监测点。同时根据相关检测，发现相关煤层产生的煤尘具有爆炸性，故而需要更为严格地监测和防护，防止煤尘爆炸造成人员伤亡和财产损失。主要预兆为附近空气有颤动的现象发生，有时还发出哗哗的空气流动声。这可能是爆炸前爆源要吸入大量氧气所致。此外，煤的挥发分、煤的灰分和水分、煤尘粒度、空气中的甲烷浓度、空气中氧的含量和引爆热源等条件会影响煤尘爆炸。

表 4-1 粉尘来源

地点	生产方式与来源
采煤工作面	司机操作采煤机、打眼、人工落煤及攉煤
	多工序同时作业
掘进工作面	司机操作掘进机、打眼、装岩（煤）、锚喷支护
	多工序同时作业（爆破作业除外）
其他场所	翻罐笼作业、巷道维修、转载点
地面作业场所	地面煤仓、储煤场、输送机等处进行作业

2. 煤尘预防方法与治理措施

（1）煤尘灾害评估

在煤矿生产中，煤尘灾害是一项严重的安全隐患，可能导致火灾、爆炸等严重后果。为了有效评估和治理煤尘灾害，需要根据煤尘的主要来源和预防重点，采取针对性地监测和预防措施。预防重点主要包括采煤工作面和掘进工作面等关键区域，以及煤仓、胶带输送机巷和采区回风巷等位置。对不同地点采取不同方式的处理，能够有效地治理煤尘。在采煤工作面，重点关注采煤机割煤、移架、运输转载和放煤等作业过程，采取有效的粉尘控制措施，如湿法除尘、局部通风等，以减少煤尘的产生和扩散。在掘进工作方面，同样需要关注掘进机割煤、运输转载等环节，采取适当的控制措施，确保煤尘的有效治理。该煤矿的煤尘灾害主要如表 4-2 所示。

表 4-2 煤尘灾害主要方面

危害方面	危害性
人员健康	长期吸入煤尘，轻者会患呼吸道炎症、重者会患尘肺病，危害身体健康
作业场所	粉尘过多，影响视线，不利于及时发现事故隐患，容易引起伤亡事故
爆炸危险性	在一定条件下发生爆炸，产生的一氧化碳是造成大量人员中毒死亡的主要原因
作业设备	煤尘会影响设备运行，造成设备损坏，影响正常生产

煤体发生爆炸所需条件为：煤尘爆炸下限为 30~50g/m³，上限为 1000~2000g/m³，爆炸力最大的煤尘浓度为 300~500g/m³。同时需要空气中氧气浓度大于 18%。由于引发煤尘爆炸的热源温度变化的范围比较大，其与煤尘中挥发分含量有关，煤尘爆炸的引燃温度为 610~1050℃。

（2）煤尘预防方法

①通常方法

煤尘灾害预防主要通过水雾等进行预防治理。为此该矿设立永久性消防防尘水池，保证水容量，并在整个防尘系统中采用水质过滤装置，保证水质清洁。对于煤尘易于产生的地点，如主要运输巷、胶带输送机斜井与平巷、上山与下山、采区运输巷与回风巷、采煤工作面运输巷与回风巷、掘进巷道、煤仓放煤口、溜煤眼放煤口以及卸载点等地点，需要设立防尘供水管路与支管阀门。在井下煤仓放煤口、溜煤眼放煤口、输送机转载点和卸载点等地点，需设置喷雾装置或除尘器，并在作业时进行降尘和除尘。

除上述预防方法外，还设置了净化水幕用以风流净化，通过封闭整个断面净化风流并将风嘴迎向风流。该方法有助于巷道内的风流进行净化，有效降低混杂在风流中的煤尘，减少对设备和人员的损害。其需要设置在采煤工作面进回风巷内、掘进巷道内、装煤点下风方向、胶带输送机巷道、刮板输送机巷道、采区回风巷及承担运煤任务的进风巷、回风大巷、承担运煤任务的进风大巷及斜井以及锚喷作业地点下风流方向。

由于煤尘会在巷道内发生沉积，需定期处理浮尘，确保沉积的煤尘能够被冲洗掉，并清除堆积的浮煤。辅助用的风流净化水幕应当设在采煤工作面进回风巷内、掘进巷道内、装煤点下风方向、胶带输送机巷道、刮板输送机巷道、采区回风巷及承担运煤的进风巷、回风大巷、承担运煤的进风大巷及斜巷以及锚喷作业地点下风流方向。水幕的喷嘴需要按照一定方法安装，比如喷射方向应迎向风流，并使水幕喷头喷射的水雾在有效射程内充满整个断面，同时不设置在电气设备上方并减少对运输的妨碍。除了常规的水雾除尘，还需要对部分地区进行定期除尘。例如，在主平硐胶带输送机机尾给煤机、一水平皮带下山联络巷、一水平皮带下山、二水平皮带下山、200 运输石门、五煤皮带下山、六煤皮带下山等地点需每月至少清理冲洗积尘一次，而在锚喷工作面喷浆完毕后需立即清理和冲洗积尘。除尘时，应当给井下工作人员配备防尘口罩，注意风流速度，保持最优排尘速度，防止煤尘飞扬。而煤尘的预防过程中需要实时监测煤尘浓度，及时调整防尘对策。故而需要进行煤尘的监测监控，保证煤尘浓度不会超标。其需要测定总粉尘和呼吸性粉尘，保证人员安全，测试需按表4-1中易于产生粉尘的部位布置测点，测点布置例如采掘工作面回风巷、距工作面10~15m处，掘进工作面回风流距掘进迎头10~15m处，应设置粉尘浓度传感器，并接入安全监控系统。测点的选择和布置要求按照《煤矿井下粉尘综合防治技术规范》（AQ1020）执行，且必须测定总粉尘和呼吸性粉尘。

②爆炸性煤尘预防方法

煤尘爆炸是一种极为危险的现象，其可能造成的后果极为严重，因此需要采取重点防范措施。煤尘爆炸主要需要满足高温热源、煤尘浓度达到爆炸极限和氧气浓度达到18%以上这三个条件。对于煤矿中存在的煤尘爆炸风险，需要采取针对性的防护措施。

为了有效防止煤尘爆炸，可以利用防爆隔爆设备与水棚相结合的方法，以确保爆炸不会波及其他巷道，从而最大限度地减少爆炸对矿井的影响。

在工作方面，建立更为完善的防尘与除尘制度至关重要。需要调节通风设施中的风流速度，以减少煤尘飞扬的可能性。同时，需要在作业前后采取相应的预防措施。例如，在打眼作业时可以采用湿式打眼法，爆破前后应冲洗煤壁，并在爆破作业时采用水泥炮，以及在喷射混凝土时采用潮喷或湿喷工艺，并配备相应的除尘装置。这些措施可以有效降低煤尘的浓度，减少煤尘爆炸的可能性。此外，还需要对煤体进行润湿处理，建立良好的防尘或者除尘措施。在整个作业过程中，需要严格遵守规定，配备防护用品，并对设备进行防爆防尘处理，以确保整个作业过程的安全性。通过这些措施的实施，可以有效预防煤尘爆炸的发生，保障矿工的安全和设备的正常运行。

③煤尘灾害处理方法

煤尘爆炸后，现场人员需要进行应急自救。对现场工作人员而言，须立刻卧倒并佩戴自救器，待爆炸冲击波过后，沿避灾路线组织撤离。撤离之后，需向矿井调度人员报告，并切断电源，同时调节风流，设立警戒，防止人员再次进入回风井和受灾巷道。在进行灾害的后续处理时，应当及时制订相关方案，恢复巷道和通风设备，保持通风正常，减少煤尘。

对于不同地点的爆炸性煤尘应当采用不同的处理方式。对于回采面而言，发生小型爆炸事故时，进、回风巷一般不会被堵死，通风系统不会造成大破坏，产生的一氧化碳和其他有毒有害气体较易被排除。此时，处于采煤工作面进风侧的人员一般不会严重中毒，在回风侧的人员要迅速佩戴好自救器，经最近的路线进入新鲜风流。发生严重爆炸事故时，爆炸形成严重的塌落冒顶，通风系统被破坏时，爆源的进、回风侧都会聚集大量一氧化碳和其他有毒有害气体，所有在该范围的人员会因为一氧化碳等有毒有害气体中毒。为此，在爆炸后，没有受到严重伤害的人员，需要立即佩戴好自救器。在进风侧的人员要逆风撤出，在回风侧的人员要设法经最近路线，撤退到新鲜风流中。如果由于冒顶严重撤不出来时，现场人员首先要把自救器佩戴好，并协助重伤员在安全地点待救。

对于掘进工作面，一旦发生煤尘爆炸事故，导致风筒被摧毁，使巷道无风。巷道内充满爆炸后产生的一氧化碳和其他有毒有害气体，造成人员中毒或窒息。发生小型煤尘爆炸，巷道未遭破坏时，巷道内的遇险人员在未受到直接伤害或受伤不重的情况下，要立即佩戴好自救器，协助撤出灾区。灾区人员撤出后，要立即向矿调度室报告。当发生较大爆炸时，巷道遭到严重破坏，退路被阻时，遇险人员迅速佩戴好自救器，尽快撤到新鲜风流中。如果巷道难以疏通，要在支护良好的地方等待救援。

第二节　爆炸隔离与防护设备

一、爆炸隔离技术原理

（一）泄爆技术

目前，我国乃至全世界的主流泄爆装置还停留在粉尘泄爆装置，主要的泄爆装置除粉尘泄爆装置外，水封泄爆装置以及无焰阻火泄爆装置也可起到泄爆作用。粉尘泄爆装置主要由泄爆片、阻火器以及过滤网构成，从而可起到泄爆的效果。水封泄爆装置主要是用在煤矿作业过程中以及瓦斯向外运输和排放的过程中，而本装置则主要为防止连环爆炸的发生。

RSBP 泄爆装置共包括两套装置，一是爆炸泄放装置（粉尘泄爆装置），此类装置主要是通过过滤网、风扇、旋转阀、粉尘隔爆阀以及一套泄爆装置来组成。如果工艺设备内部的操作压力超压，达到泄爆片的开启压力，泄爆片就会打开，整套装置开始运作，对工艺设备进行泄爆并保护。二是 FLEX 无焰泄爆装置，主要包含泄爆片和阻火器两部分，当所保护设备内部压力快速增加时，泄爆片会因为快速上升的压力打开，阻火器快速吸收火焰、正在燃烧或者未燃烧的粉尘和气体。采用该装置进行泄爆时，可以使泄爆温度达到低于粉尘燃点的温度可保护周围施工人员。同时相较于需要安装泄爆片，此套无焰泄爆装置不需要增加改造建筑物的成本。相比于母公司的上一套产品，FLEX 无焰泄爆装置没有了火焰的直接排放，但是不够完善的是：本套无焰装置并不能在阻挡火焰的基础上，更加完善地去过滤烟雾，泄爆后产生的烟雾有一部分会通过泄爆装置排出，从而会产生从环境污染到工人呼吸道不适等一系列问题。

无焰泄放装置 IQR 系统由防爆板和灭火模块组成。当工作装置中产生爆炸导致压力和温度急速上升，防爆板对爆燃压力快速升高做出反应，立即打开以泄爆并减轻设备损坏。当火焰通过打开的防爆板时，有框架支撑的不锈钢精密网丝发挥三重火焰捕捉作用，灭火模块消除爆燃的火焰、降低热气体温度，以及捕捉通过开启的防爆板的燃烧和未燃烧的粉尘，在不锈钢精密网的作用下，本套泄爆装置可以在吸收爆炸火焰的情况下使得周围环境温度几乎不升高，还能消除爆炸产生的高压，保护作业工人、周围环境以及作业设备不受爆炸的压力威胁。

（二）抑爆技术

探测器、控制器和抑爆器是粉尘爆炸抑爆主要部件。燃粉尘发生燃烧的同时，探测器就会发出信号，同时探测器将信号传递给控制器，控制器通过阈值运算，对抑爆器发出抑爆指令，使其撒灭火剂。由此，粉尘爆炸是指在空气中处于悬浮态的可燃粉尘，接触到明火或温度相对较低，压力不是很大的时候起到抑爆效果。抑爆技术不仅可以降低粉尘爆炸危害，而且防止二次爆炸的发生。在其中，最为重要的便是抑制剂，下面将具体分析抑制剂。

抑爆剂有固态、液态和气态三种状态，其直接作用于火焰的三种状态的灭火介质。抑爆过程瞬时完成，一般为毫米工作单位，因此对易爆剂的灭火功效、雾化程度及扩散程度的要求更为严格。Halon1301 凭借它出色的灭火能力，一度成为抑爆领域的"明星"，但因为他光芒背后的污点——他的使用对生态环境造成严重破坏，联合国环境规划署（UNEP）于 1987 年在加拿大蒙特利尔制定了《关于消耗臭氧层物质的蒙特利尔议定书》，开始实施哈龙淘汰计划。至此，Halon1301 的光辉时代就此落幕。

美国一公司研发出了 HFC—227，它可替代哈龙灭火剂，在全世界的气体灭火体系中占据领先地位。但随着对该物质的深入研究，加拿大的研究委员会对 HFC-227 进行了分析发现，HFC-227 在抑制爆炸时会进行化学反应，从而产生大量的有毒有害气体 HF，并且在高压下，该物质为液态，对雾化技术要求很高，因此对 HFC-227 抑爆的应用前景有一定的限制。不仅如此，HFC-227 有着高达 3880 的 GWP 值，因此联合国于 1997 年底，将 HFC-227 列为受限物质之一。

（三）应用

1. 化工厂

（1）爆炸隔离装置的安装

在化工厂中，设置爆炸隔离装置是防止爆炸扩散的关键措施之一。这些装置主要包括阻火板、隔爆膜等材料构建的隔离结构，其作用是将潜在的爆炸源与周围环境隔离开来，防止爆炸的蔓延。例如，对于生产设备周围可能存在的爆炸源，可以设置阻火板或隔爆膜，将其与其他区域隔离开来，以减少爆炸事故的发生和影响。此外，还需要根据具体情况设计合适的通风系统，确保爆炸后产生的气体能够迅速排出，减少次生灾害的发生。

（2）防爆设备的选择

在化工厂中选择合适的防爆设备至关重要。针对工艺流程中可能存在的爆炸风险，需要选择具有良好防爆性能的设备。例如，在易燃易爆气体的处理区域，可以采用防爆电器、防爆仪表等设备，以降低爆炸事故的风险。此外，还需要对工艺流程中可能出现的爆炸源进行全面评估，选择合适的防爆设备和措施，确保设备的安全性和稳定性。

2. 矿山

（1）爆炸隔离区域的设立

矿山作为粉尘和有害气体较为集中的环境，煤尘爆炸等事故的发生频率较高。为了有效防止爆炸事故的蔓延，矿山通常会在关键区域设置爆炸隔离区域。这些区域主要包括井下巷道、矿井出入口等地方，这些地方往往是煤尘和有害气体积聚的区域。通过在这些区域设置阻火板、隔爆膜等隔离装置，可以有效阻止爆炸的蔓延，降低爆炸事故对其他区域的影响。这些隔离装置的设置需要根据矿山的实际情况和爆炸风险进行合理规划和设计，确保其有效性和可靠性。

（2）防爆设备的应用

在矿山作业中，使用的设备往往需要具备良好的防爆性能，以应对煤尘爆炸等事故的发生。因此，在矿山中选择合适的防爆设备至关重要。这些设备包括防爆电器、防爆车辆等，其设计和制造必须符合严格的防爆标准和规范。防爆电器应能在爆炸环境中正常工作，具备防爆、防火、防静电等功能；防爆车辆应具备防爆结构和防爆电气系统，以确保在爆炸环境中安全运行。选择合适的防爆设备，可以有效降低矿山作业中爆炸事故的发生率，保障矿工和设备的安全。

3. 粮食加工

（1）爆炸隔离装置的设置

在粮食加工厂中，通过设置爆炸隔离装置，可以将潜在的爆炸源隔离开来，有效预防爆炸事故的发生和蔓延。这些装置通常包括防爆门、阻火板等，其作用是在发生爆炸时阻挡爆炸波及火焰的传播，从而控制事故范围，减少损失。防爆门通常安装在设备的进出口处，当爆炸发生时，可以迅速关闭，阻止火势蔓延到其他区域。而阻火板则能够阻挡火焰的传播，减少事故造成的危害。通过合理设置这些爆炸隔离装置，可以有效提高粮食加工厂的安全性。

（2）粉尘防爆设备的应用

粮食加工设备通常会产生大量粉尘，在这种情况下选择合适的防爆设备尤为重要。防爆设备的应用范围包括防爆风机、防爆仪表等。防爆风机是将粉尘吸入并排出设备的关键组件之一，在选择时需要考虑其防爆等级和防护性能，确保在爆炸环境中安全运行。防爆仪表主要用于监测粉尘浓度、温度等参数，及时发现异常情况并采取措施。这些防爆设备的应用可以有效降低粉尘爆炸事故的发生率，保障粮食加工生产的安全进行。

二、防护设备的设计与选择要点

（一）设计要点

1.材料选择

在设计防护设备时，材料选择是至关重要的环节，因为材料的性能直接影响着设备的耐久性和性能表现。常见用于防护设备的材料包括阻火板、隔爆膜等，它们在爆炸事件中发挥着关键作用。

阻火板是一种常用的防护材料，其主要特点是具有良好的耐高温性能。在爆炸事件中，阻火板能够承受高温冲击，防止火焰通过，从而有效地隔离爆炸源，减少火灾和爆炸的蔓延。此外，阻火板还具有较好的密封性能，可以防止爆炸波的传播，减少事故损失。隔爆膜也是一种常见的防护材料，其特点是具有良好的耐腐蚀性能。在工业生产中，常常会遇到腐蚀性气体或液体，如果没有有效的防护措施，容易导致设备损坏或爆炸事故。隔爆膜能够有效隔离腐蚀性物质，保护设备免受腐蚀，延长设备的使用寿命，减少事故发生的可能性。除了阻火板和隔爆膜外，还有一些其他材料也常用于防护设备的制造，如耐磨耐压胶片、防火布料等。这些材料通常具有多种性能，能够适应不同工作环境的需求，提高设备的安全性和可靠性。

2. 结构设计

防护设备的结构设计在确保安全性和可靠性方面至关重要。合理的结构设计能够有效地应对爆炸事件，迅速启动并形成有效隔离，从而最大程度地减少事故造成的损失。

一种常见的结构设计是采用弹簧式结构或压力释放装置。这些结构可以在爆炸压力作用下迅速启动，形成有效的防护屏障，阻止火焰和爆炸波的传播。弹簧式结构能够在压力释放后迅速复位，保持设备的完整性，而压力释放装置则能够通过释放内部压力来缓解外部压力的影响，减少设备受损的可能性。另外，结构设计应考虑设备的操作性和可靠性。设备在使用过程中需要经常进行操作和维护，因此结构设计应简洁明了，易于操作和维护。此外，结构应具有良好的耐久性，能够在长期使用过程中保持稳定性和可靠性，减少维修和更换的频率，降低运行成本。最后，结构设计应符合安全标准和规范要求，确保设备在各种工作环境下都能够正常运行并达到预期的防护效果。通过合理的结构设计，可以最大限度地提高防护设备的安全性和可靠性，保护人员和设备免受爆炸事件的伤害。

3. 通风系统

通风系统在防护设备设计中扮演着至关重要的角色，其作用是排除防护设备内部积聚的气体，以减少压力积聚，降低爆炸对设备的损坏程度。良好的通风系统设计能够有效地应对爆炸事件，确保内部气体能够迅速排出，从而减少二次爆炸的可能性，保护设备和人员安全。

一是，通风系统应具备良好的排气能力。这意味着通风系统需要能够迅速有效地将内部积聚的气体排出设备外部，以减少压力积聚的可能性。通过提供足够的通风量和排气速度，可以确保在爆炸事件发生时，设备内部的气体能够迅速排出，避免爆炸压力对设备造成严重损坏。二是，通风系统的设计应考虑到环境条件和设备布局。不同的工作场景可能存在不同的环境条件，例如温度、湿度、气流等，因此通风系统的设计需要根据实际情况进行调整和优化。此外，通风系统的布局和排气口的位置也需要考虑到设备的布局和周围环境，确保排气通道畅通无阻，能够有效地将气体排出。三是，通风系统的运行应符合相关的安全标准和规范要求。通风系统的设计和操作应符合安全标准，确保设备在各种工作场景下都能够正常运行并达到预期的通风效果。通过严格遵守安全标准，可以最大程度地提高通风系统的安全性和可靠性，保护设备和人员免受爆炸事件的危害。

（二）选择要点

在选择防护设备时，需要考虑以下几个要点：

1. 适用环境

在选择防护设备之前，必须对工作场所的具体环境和爆炸风险等级进行全面评估。工作场所可能面临多种不同类型的爆炸风险，其中包括粉尘爆炸和气体爆炸等。因此，需要根据实际情况，选择适用于该环境的防护设备，以确保能够有效地应对潜在的爆炸威胁。

一是，对于工作场所的具体环境特点进行评估至关重要。这包括考虑环境中存在的可燃气体或粉尘的类型、浓度以及可能的爆炸源。不同类型的爆炸威胁需要采取不同的防护措施，因此对环境进行准确的评估是选择防护设备的第一步。二是，需要评估工作场所的爆炸风险等级。爆炸风险等级是评估工作场所爆炸风险程度的重要指标，通常根据环境中存在的可燃气体或粉尘的浓度、周围环境条件以及工作场所的操作特点等因素进行评估。根据爆炸风险等级的评估结果，可以确定所需的防护设备类型和性能要求。三是，根据环境特点和爆炸风险等级的评估结果，选择适用于该环境的防护设备。这可能涉及选择防爆仪表、防爆灯具、防爆电器以及防爆隔爆装置等设备，以满足工作场所的安全需求。在选择防护设备时，还应考虑设备的性能参数、适用范围、安装方式以及与其他设备的配合情况，以确保设备能够有效地应对潜在的爆炸威胁，保障工作场所的安全生产。

2. 性能参数

（1）耐压性能

在爆炸事件中，设备可能面临极端的压力冲击，因此必须具备良好的耐压性能，以保证设备不会因爆炸压力而破裂或失效。耐压性能的好坏直接影响到设备在爆炸事件中的可靠性和安全性。

（2）密封性能

在爆炸事件中，密封性能能够有效地防止火焰和爆炸波的传播，从而减少爆炸对周围环境和设备的损害。因此，选择具备良好密封性能的防护设备至关重要，可以有效地降低爆炸事故造成的损失。

（3）耐腐蚀性能

在一些特殊的工作环境中，如化工厂或海洋平台等，设备可能会受到腐蚀性介质的侵蚀，因此需要具备良好的耐腐蚀性能，以确保设备长期稳定运行。

3. 安装位置

一是，安装位置应该能够覆盖可能发生爆炸的区域。这意味着防护设备应该安装在工作场所内部，特别是在爆炸风险较高的区域，如化工厂的生产车间、矿山的井下巷道等地方。通过在这些关键位置设置防护设备，可以及时地控制爆炸事件，最大限度地减少损失。二是，安装位置应该能够及时启动和隔离爆炸源。这意味着防护设备的安装位置应该与可能的爆炸源相对应，以便在爆炸事件发生时能够迅速启动并形成有效隔离，防止火焰和爆炸波的传播。因此，在选择安装位置时，需要充分考虑设备的启动机制和响应时间，以确保其能够在关键时刻发挥作用。三是，安装位置的选择还需要考虑工作场所的布局和设备运行情况。例如，在化工厂的生产车间中，由于设备密集且操作频繁，可能存在更多的爆炸风险，因此需要在这些区域设置更多的防护设备。另外，在矿山等环境中，由于空间狭小且工作环境恶劣，防护设备的安装位置可能会受到限制，需要根据实际情况进行调整。

第三节　惰化与抑制技术

一、惰化技术在粉尘爆炸防护中的作用

惰化在各种粉尘烟气爆炸安全防护处理方法中是一种较新颖的防护技术，

它主要是在粉尘烟气爆炸本质安全防护原则的研究基础上，降低粉尘爆炸处理系统中的臭氧含量或可燃物在粉尘中的浓度，防止爆炸火焰自发向外传播，是有效减少粉尘爆炸发生可能性和降低爆炸后果及爆炸后果严重性的一种防护方法。通过降低空气中氧气的含量既可以有效防止粉尘大气层密云火灾事故的发生，抑制带有粉尘层密云的燃气爆炸，也在制定我国现行燃气防爆技术标准中大有裨益。因此，气相惰化的研究方法很快就受到关注。目前，气相惰化主要有真空惰化、压力惰化、压-真空联合惰化等。面对不同的除尘爆炸，根据其对除尘介质要求的不同，使用不同的惰性抑爆介质。对于粉尘着火爆炸云中惰化抑爆剂的效能控制参数主要可以包含着火爆炸运动强度上限参数和粉尘爆炸云敏感度下限参数。

（一）气相惰化

1. 氮气惰化

气相惰化介质主要有氮气、二氧化碳和惰性气体，以预防活泼金属粉尘爆炸为例：通过 G.Li 等人的研究，发现当氧气浓度大于 12.2% 时，氮气具有氩气相似的惰性效应，虽然二氧化碳作为低粉尘浓度的惯性剂可能更有效，但是二氧化碳相较于环境空气容易发生爆炸，因此氮气相较于常用的二氧化碳和氩气这两种气体而言，是一种更经济的惰性气体。同时，液氮是一种很好的低温冷却和惰性介质，已广泛应用于食品工业、机械制造、医疗和空间技术等领域。它具有安全、可靠、价格低、性能丰富、性能稳定等优点。此外，由于其显著的冷却和惰化效果，并且是环境友好、高效的灭火剂，现阶段民用飞机燃油箱常用的机载制氮（OBIGGS）系统就使用氮气作为降低氧气含量，从而防止爆破极限条件累积形成爆炸。OBIGGS 系统被发动机牵引，富氮气体按照不同的流量放入燃油箱使其对燃油箱进行洗涤和冲洗，并且将富氧气体排出系统外。

2. 哈龙惰化

哈龙气体的主要成分为溴三氟甲烷，其惰化原理和氮气惰化原理不尽相同，都是通过降低氧气含量，来控制爆炸的发生。但不同于氮气的是，哈龙惰化剂不仅可以控制氧气含量，也可以在化学上影响燃烧，但现阶段由于哈龙系统消耗臭氧，并且成本高，因此已不适用于惰化系统中。但值得一提的是，随着现阶段人们对于哈龙气体不断研发，现已研制出 $CF_3CF_2C(O)CF(CF_3)_2$ 或十二氟 -2- 甲基戊烷 -3-1，并且该物质已被证实是消耗臭氧化合物中的很好的候选替代品，这种新分子具有安全性、环境特性等，哈龙气体还是有望成为可长期发展并使用的卤碳替代药物的。

（二）固体惰化

在开展惰性惰化粉体抑爆应用方面，惰性惰化粉体的粒度、浓度、类型和粒度因素分布与企业缓蚀抑爆效果密切关联相关。大量的科学研究成果分析以及结果证实可以充分表明，硅酸盐、卤化物、碳酸盐等都对粉尘爆炸具有一定抑制作用。撒制成固体状的惰化粉尘燃料能有效吸收燃烧加热反应中所释放的一定热量，从而有效预防二次气体爆炸的可能发生，研究成果具有重要指导意义。普通碳酸钙燃料是一种传统活性惰化抑爆介质，磷酸二氢铵和磷酸氢氧化铝的活性惰化抑爆效率明显地要高于普通碳酸钙，但在传统惰性惰化介质燃料添加剂用量较大的应用情况下，两者的降解效率都较低。因此，无论何种完全惰性惰化介质，都必须同时加入相对高质量的完全惰性惰化介质（最高质量惰性分数至少不得高于 50%），以便于实现可燃冰对粉尘和大爆炸的完全自动惰性化。现阶段有必要深入研究新型完全惰性惰化介质，提高各种惰化剂的综合利用效率，实验结果表明，在部分粉尘快速燃烧和大气爆炸作用条件下，两种高效惰化剂的两种协同效应作用主要取决于惯性是否同时发生可以抑制部分粉尘快速燃烧的一种附加化学反应。换句话说，在一定爆炸条件下，惰性剂之间确实同时存在两种协同效应。

二、抑制技术的原理及其应用效果分析

（一）抑制技术的定义

抑制技术是一项重要的粉尘爆炸防护方法，其核心在于通过向粉尘爆炸

区域中添加化学抑制剂，来减缓或抑制爆炸反应的进行，从而有效地控制爆炸的发生和传播。这项技术的目标是阻止爆炸链反应的持续，从而最大程度地减少爆炸事故造成的损失和危害。

在工业生产中，粉尘爆炸是一种常见而严重的安全隐患，可能导致人员伤亡、设备损坏甚至生产场所毁坏。因此，采用抑制技术成为重要的防护手段之一。这种技术的原理在于化学抑制剂的作用，它们能够干预爆炸反应链的进行，从而抑制或减缓爆炸的发生。通过向可能发生爆炸的区域喷洒或添加适当的化学抑制剂，可以有效地阻止爆炸链反应的持续进行，减少或消除爆炸的危害。

抑制技术的应用范围广泛，涉及各种工业领域，如化工、矿山、粮食加工等。在这些领域，通过合理选择和应用抑制技术，能够有效地降低爆炸事故的发生率，保障生产设施和人员的安全。同时，抑制技术也在不断地发展和完善，以满足工业生产中不同环境和需求的防护要求。

（二）抑制技术的原理

抑制技术的原理是基于化学抑制剂对爆炸反应链的干预作用。当粉尘爆炸发生时，粉尘云中的粉尘颗粒可能会在点火源的作用下发生自由基反应，从而引发爆炸链反应的进行。这种链式反应会迅速扩散并释放大量的能量，导致爆炸的发生和传播。

抑制技术通过添加化学抑制剂来干预爆炸反应链，从而阻止或延缓爆炸的发生。化学抑制剂具有特定的化学性质，可以与自由基或中间体等爆炸链反应的组成部分发生化学反应。这种反应可能包括吸收自由基、中断链传递、稳定中间体等方式，从而有效地破坏爆炸链反应的进行。

关键在于选择适当的化学抑制剂，使其能够与爆炸链反应中的关键组分发生有效的化学反应。化学抑制剂的选择通常取决于爆炸反应的类型和特点，以及所需的抑制效果。常见的化学抑制剂包括惰化剂、稳定剂、自由基捕捉剂等，它们具有不同的作用机制和适用范围。

（三）抑制技术的应用效果分析

抑制技术作为一种重要的粉尘爆炸防护方法，在实际应用中展现出了显著的效果。通过向粉尘爆炸区域中喷洒或添加化学抑制剂，抑制技术可以有效地减缓或抑制爆炸反应的进行，从而降低爆炸事故的危害程度。

一是，抑制技术可以用于预防粉尘爆炸事故的发生。在工业生产过程中，粉尘积聚和点火源可能导致爆炸事故的发生。通过及时喷洒或添加化学抑制剂，可以有效地干预爆炸反应链，阻止或减缓爆炸反应的进行，从而降低事故的发生概率。二是，抑制技术还可以在爆炸事故发生后进行应急处理和控制。一旦爆炸事件发生，立即向爆炸区域喷洒化学抑制剂可以迅速抑制爆炸反应，减少火焰和爆炸波的传播，从而减轻事故造成的损失，并为应急救援提供必要的时间窗口。

由于其可靠性和有效性，抑制技术在工业生产中具有重要的应用前景和价值。通过不断改进和优化抑制剂的配方和应用技术，可以进一步提高抑制技术的效果和可靠性，保障生产设施和人员的安全。因此，抑制技术在粉尘爆炸防护领域的应用将持续发挥重要作用，为工业安全生产提供有力支持。

第四节　安全防护装备与设施

一、安全防护装备的种类与功能

（一）个人防护装备

1. 防护眼镜

防护眼镜是一种个人防护装备，用于保护工作人员的眼睛免受粉尘、化学物质和其他杂质的侵害。在粉尘爆炸等工作场景下，眼睛可能会受到来自环境中的飞溅物、碎片或化学品的伤害，因此佩戴防护眼镜至关重要。防护眼镜通常采用坚固的材料制成，具有高度透明度和耐冲击性，能够有效阻挡外界杂质，保护眼睛免受伤害。此外，一些防护眼镜还配备了防雾、防静电等功能，提供更全面的保护。

2. 防护面具

防护面具是另一种重要的个人防护装备，用于保护面部免受粉尘、化学气体和火焰等危害物质的侵害。根据具体工作环境和作业需求，防护面具可以分为全面罩式和半面罩式。全面罩式面具覆盖整个面部，提供更全面的保护，适用于高风险的工作场所；而半面罩式面具只覆盖口鼻部分，适用于一般作业环境。防护面具通常采用耐高温、耐腐蚀的材料制成，具有良好的密封性和舒适性，能够有效阻挡有害物质对面部的侵害。

3. 防护手套

防护手套是用于保护工人手部免受化学品腐蚀和机械伤害的重要装备。在粉尘爆炸等工作场景下，手部可能会接触到腐蚀性化学品、尖锐物体或高温表面，因此佩戴防护手套可以有效保护手部皮肤和组织不受伤害。防护手套通常采用橡胶、PVC、聚乙烯等材料制成，具有耐腐蚀、耐磨损的特性，能够提供有效的手部保护。此外，一些防护手套还具有防静电、防刺穿等功能，提供更全面的防护效果。

4. 防护服

防护服是一种全身覆盖的服装，用于保护工作人员免受化学品、火焰和高温等危害的影响。在粉尘爆炸等危险环境中，防护服能够有效隔离外界的危险因素，保护工作人员的身体健康。防护服通常采用防火、防腐蚀的材料制成，具有良好的隔离性和舒适性，能够有效保护工作人员免受外界危害的影响。

（二）呼吸防护装备

1. 防毒面具

防毒面具是一种通过过滤或吸附有害气体和粉尘的方式，保护呼吸系统免受侵害的装备。它的设计通常包括面罩、过滤器、吸附剂和密封装置等部件。防毒面具通过面罩紧贴面部，过滤器和吸附剂过滤或吸附空气中的有害物质，从而提供清洁的空气供人员呼吸。这种面具适用于粉尘爆炸、有毒气体泄漏等环境下，有效防止有害气体和粉尘对呼吸道造成伤害。

2. 呼吸防护器

呼吸防护器分为过滤式和供氧式两种类型，用于防止有害气体和粉尘进入呼吸道。过滤式呼吸防护器利用滤料过滤空气中的有害颗粒和气体，例如N95 口罩就是过滤式的一种，它能有效过滤空气中的微粒；而供氧式呼吸防护器则通过提供清洁的氧气供应，确保人员在污染环境中呼吸到新鲜的空气。这些呼吸防护器能够保护呼吸系统免受有害气体和粉尘的侵害，从而保障人员的呼吸健康。

（三）防爆工具和设备

1. 防爆电器

防爆电器是一类专门设计用于易燃易爆环境中的电气设备，具有防止电火花引发爆炸的功能。它们的设计考虑了防爆要求，采用了特殊的防爆结构和材料，能够在危险环境中安全使用。常见的防爆电器包括防爆灯具、防爆开关、防爆插座等。这些设备能够有效防止电气设备因电火花引发爆炸，从而保障工作现场的安全。

2. 防爆手电筒

防爆手电筒是专门设计用于易燃易爆环境的手持光源设备，其关键特点是不会因摩擦或碰撞而产生火花。防爆手电筒通常采用防爆材料制造，并配备特殊的防爆电路，能够在危险环境中提供安全可靠的光源。这种手电筒广泛应用于石油化工、矿山等易燃易爆场所，为工作人员提供了必要的照明工具，同时降低了爆炸风险。

（四）防护隔离设施

1. 阻火板

阻火板是一种常用于粉尘爆炸防护的重要设施，其主要功能在于隔离爆炸源，防止火焰和爆炸波的传播。阻火板通常采用耐火材料制成，具有良好的耐高温性能和抗冲击性，能够有效抑制爆炸的蔓延，减少事故造成的损失。

在工业生产中，阻火板常常被设置在潜在的爆炸源周围，起到隔离和保护的作用，为工作人员和设备提供安全保障。

2. 隔爆膜

隔爆膜是另一种常见的防护隔离设施，其具有高度的密封性和耐火性能，能够有效地将爆炸源隔离，防止爆炸波的扩散。隔爆膜通常由阻燃材料制成，具有良好的柔韧性和耐腐蚀性，能够适应各种工作环境的要求。在爆炸事件发生时，隔爆膜能够迅速启动，形成有效的隔离屏障，保护周围环境和人员的安全。

二、设施建设对粉尘爆炸安全的重要性分析

（一）预防爆炸事故

在工业生产环境中，粉尘爆炸事故是一种常见但又极具危害性的事件。为了有效地预防这类事故的发生，良好的设施建设被认为是一项至关重要的措施。粉尘是引发爆炸的主要危险源之一，它在适当的条件下能够形成可燃性的云雾，一旦遇到点火源，便可能引发爆炸。因此，通过设置粉尘收集器和通风系统等设施，及时清除工作过程中产生的粉尘，可以有效地减少粉尘在空气中的浓度，从而降低了爆炸的发生可能性。这些设施的作用类似于消除了爆炸的必要条件，使得爆炸事件的发生变得更加困难。预防爆炸事故的发生不仅可以有效保障生产设备和人员的安全，还有助于避免生产中断和经济损失的发生。因此，企业应当高度重视设施建设，在工业生产中积极采取各种措施，最大程度地预防粉尘爆炸事故的发生，确保生产环境的安全和稳定。

（二）提高事故应对能力

设施建设的完善对于提高企业应对粉尘爆炸事故的能力至关重要。在工业生产中，无法完全避免事故的发生，但可以通过合适的设施建设来提高企业对事故的应对能力。首先，建立紧急撤离通道是必不可少的。这些通道应当合理规划、清晰标识，并保持畅通无阻，以确保在事故发生时员工能够迅速安全地撤离现场，避免人员伤亡。其次，设置灭火器材是非常重要的。不

同类型的灭火器材应当根据工作环境的特点进行选择和布置，以便在爆炸事故发生时及时灭火，防止火灾蔓延，降低事故造成的损失。此外，配备应急救援人员也是关键。这些人员应当经过专业培训，掌握正确的应急处理方法，能够迅速、有效地处置各类事故，保障生产和人员安全。

这些设施的建设不仅可以保障人员的生命安全，还能够有效地保护生产设备，减少事故对企业的影响。在粉尘爆炸事故发生后，及时有效的应急处理措施能够迅速控制事态发展，最大限度地减少事故造成的损失。因此，企业应当充分重视设施建设，制定科学合理的应急预案，提高应对粉尘爆炸事故的能力，保障生产安全和经济效益的稳定发展。

（三）保障人员安全

良好的设施建设在工业生产中扮演着关键的角色，可以有效保障工作人员的安全。其中，设置安全通道、安全标识和紧急报警装置等设施是至关重要的措施。首先，安全通道的设置能够为员工提供安全的撤离路径。这些通道应当合理规划，保持畅通无阻，以确保在紧急情况下员工能够快速、顺利地撤离危险区域，最大限度地减少人员伤亡。其次，安全标识的设置对于指导员工正确行动至关重要。清晰明了的标识可以帮助员工快速识别危险区域、安全通道和应急设施，提高应对突发情况的反应速度和准确性。此外，紧急报警装置的设置也是关键的一环。员工在发现紧急情况时可以通过触发报警装置，及时通知相关人员和部门，启动应急预案，采取必要的措施应对危险事件，有效降低事故发生后的损失和风险。

保障人员安全不仅是企业的法律责任，也是企业社会责任的体现。通过为员工提供安全的工作环境和必要的安全设施，企业能够充分展现对员工生命安全和身体健康的关注和尊重，增强员工对企业的信任和认同感，进而提升员工的工作积极性和生产效率。此外，良好的安全设施和措施也能够有效减少工伤事故和生产中断，保护企业的生产力和经济利益，维护企业的形象和声誉。因此，对于任何企业而言，保障人员安全都是至关重要的，应当作为企业经营管理的重中之重。

第五章　粉尘爆炸风险评估与管理

第一节　风险评估的基本原理与方法

一、风险评估的概念与目的

风险评估是一项系统性的过程，旨在对潜在风险进行全面的评估和分析。其核心目的在于确定可能对组织、项目或活动产生负面影响的风险，并量化这些风险的可能性和影响程度，以便采取相应的管理措施进行预防或应对。在这个过程中，评估者会综合考虑各种潜在风险因素，如外部环境变化、内部运营情况、技术和人为因素等，以全面理解风险的性质和范围。

风险评估的概念主要涉及对风险的定义、辨识、分析和评估。首先，需要明确什么是风险，即可能导致不利结果发生的不确定性因素。然后，通过系统性的方法和工具，识别和辨识各种潜在风险，包括已知和未知的风险。接下来，对已辨识的风险进行深入地分析和评估，以确定其可能性和影响程度，并将其分类和优先级排序。最后，根据评估结果制定相应的管理策略和措施，包括风险的预防、降低、转移或接受，以确保组织或项目能够有效应对风险带来的挑战。

风险评估的过程不仅能够帮助组织和项目管理者更好地了解潜在风险，还能够帮助他们做出明智的决策，优化资源配置，提高绩效表现。通过及时识别和管理风险，组织和项目能够降低面临的不确定性，增强应对突发事件和挑战的能力，从而实现可持续发展和成功达成目标的目的。

二、粉尘爆炸风险要素指标

（一）风险要素指标体系

1. 一般原则

所构建出来的风险要素指标体系是否合理、科学、简洁明了，将对评估结果的准确性和有效性有最为直接的影响。指标体系建立需要考虑以下几项原则：

（1）目的性原则

所建立的指标体系是将准确、科学评估待评价对象风险作为最终目标的。

（2）一致性原则

粉尘爆炸风险评估指标之间并不是孤立存在的，而是相互联系、相互影响的，所有的评估指标都应符合粉尘爆炸风险评估的目标和基本的功能，系统地组合成一个整体。

（3）层次结构性原则

各评估指标是系统、有序的，通过对指标进行层次结构的划分，保障整个指标体系的逻辑性、严谨性。

（4）科学性原则

指标的构建不能仅凭个人经验来进行，要想真实、客观反映企业风险必须从分层等基础理论出发，从而科学构建体系。

（5）全面性原则

在构建指标体系过程中，切记不可片面，或只采用某一工作面进行构建，只有详尽分析粉尘爆炸的各个影响因子，才能找到影响粉尘爆炸风险的真实要素。

（6）适用性原则

所建立的指标体系一定要符合现场实际，具有较强的可操作性。

2. 构建方法

所谓分析法就是对所评价的对象进行单元划分，后逐一分析各单元的指标，综合所有指标，划分结构层次，准确反映待评价对象的特征和性质。

3.指标体系

指标是用于描述粉尘爆炸事故风险或与粉尘爆炸事故风险密切相关的参数，从人、机、环、管几个方面考虑描述与粉尘爆炸事故风险有关的指标，对指标尽可能细分，直到无法细分或再细分不合适为止。描述粉尘爆炸事故发生可能性的指标与描述粉尘爆炸事故后果严重性的指标以及安全管理方面的因素三者集合成指标体系。

（二）确定风险要素

确定粉尘爆炸风险的要素是评估粉尘爆炸可能性和后果严重度的关键步骤。在粉尘爆炸风险评估中，粉尘爆炸的可能性通常可以通过实验数据和公式等方式进行合理估计。然而，粉尘爆炸后果的严重程度却受到现场实际情况的诸多客观因素影响，因此需要综合考虑现场特定情况来进行评估。

第一，粉尘爆炸可能性的评估涉及粉尘的爆炸特性、浓度、粒径大小等因素。这些数据可以通过实验室测试和现有的理论模型得出，从而对粉尘爆炸的概率进行评估。这些数据可以为粉尘爆炸可能性的评估提供科学依据和理论支持。第二，粉尘爆炸后果的严重程度受现场实际情况的影响较大。不同粉尘在爆炸后可能引发的火灾、爆炸、人员伤亡、设备损坏等后果存在差异，这取决于现场的工艺流程、材料特性、操作环境等因素。因此，需要根据具体情况综合考虑粉尘爆炸后果的严重程度，结合实际现场情况进行评估。由于不同物质的粉尘具有不同的特性，现场涉及的工艺流程、材料、操作流程等因素也各不相同，因此在进行粉尘爆炸风险评估时往往需要针对不同的情况进行独立评估。然而，过去的做法往往是将可能性和后果分开进行评估，这导致了大量人力、物力和财力的浪费，同时也限制了对粉尘爆炸风险的全面理解和评估。

三、常用的风险评估方法与技术

（一）定性风险评估

1. 风险矩阵

风险矩阵是风险管理领域中一种常用的工具，用于定性评估和描述风险的可能性和影响程度。它通常以矩阵的形式呈现，其中行代表可能性等级，列代表影响程度等级。通过将可能性和影响程度组合在一起，形成不同的风险等级，从而帮助管理者和决策者快速识别和理解风险的程度及其对组织、项目或活动可能产生的影响。

在风险矩阵中，通常会采用颜色编码或数字标记来表示不同级别的可能性和影响。例如，可能性可以分为低、中、高三个级别，而影响程度可以分为轻微、中等、严重三个级别。通过在可能性和影响程度的交叉点上标记相应的颜色或数字，可以直观地反映出每种可能性和影响程度组合的风险等级，从而使管理者和决策者能够更清晰地认识到风险的重要性和紧迫性。风险矩阵的主要优点在于其简单直观、易于理解和应用。通过将风险以矩阵形式展示，可以使相关人员更加直观地了解各种风险的程度和影响，有助于他们在制定风险管理策略和决策时更加准确和及时地做出反应。此外，风险矩阵还可以促进团队间的沟通和合作，帮助他们形成共识和达成一致意见，从而更好地管理和控制风险。

2. 故事板

故事板是一种在风险评估和管理中常用的视觉化工具，旨在通过图像、文字和符号等形式，描述和展示与特定风险相关的情景，以帮助评估者和相关人员更直观地理解和感知风险。故事板通常以简洁而生动的方式呈现，包括情景描述、风险影响、应对措施等内容，以便于交流和讨论。

故事板的核心特点之一是其视觉化表达方式，通过图像和符号的运用，将抽象的风险情景具体化、形象化，使其更易于被理解和接受。例如，可以通过插图或图表展示潜在的风险场景，以及可能导致的影响和后果，从而帮助相关人员更清晰地认识到风险的重要性和紧迫性。此外，故事板还能够提供情景描述和案例分析，将风险具体化为真实的事件或场景，使评估者和相关人员能够更直观地感受到风险可能带来的影响和挑战。通过生动的叙述和具体的案例，故事板能够激发参与者的思考和共鸣，促进他们对风险的深入理解和认识。另外，故事板还可以突出风险应对措施和解决方案，通过图像和文字说明可能采取的应对措施，以及其预期效果和影响。这有助于评估者和相关人员更全面地考虑风险管理策略，从而制定出更有效的应对计划和措施。

3. 头脑风暴

头脑风暴是一种广泛运用于风险评估和管理的集体讨论和思维碰撞方法。在头脑风暴中，团队成员被鼓励自由发表想法、观点和解决方案，以产生各种可能性，并对风险进行评估和优先排序。这种方法旨在通过集体智慧和合作，快速、多角度地探索和思考，从而发现潜在的风险因素和应对策略。

头脑风暴的核心理念在于激发创造力和想象力。团队成员可以在一个开放、包容的环境中畅所欲言，不受限制地提出各种可能性，甚至是看似不切实际的想法。这种自由的氛围有助于打破思维定势和传统模式，引发新的思考路径和解决方案，从而为风险评估提供更多元化、创新化的视角。此外，头脑风暴还能够促进团队在风险评估过程中形成共识和决策。通过集体讨论和交流，团队成员能够更深入地理解和评估各种风险因素，并就应对措施达成一致意见。这有助于提高团队的凝聚力和协作效率，为制定和实施风险管理策略提供有力支持。

（二）定量风险评估

1. 事件树分析

事件树分析是一种定量风险评估方法，其基本思想是通过对可能事件发生的序列和概率进行建模和分析，以确定风险的大小和优先级。这种方法通常用于识别和分析复杂系统或过程中的潜在风险，并评估其对系统运行的影响程度。

在事件树分析中，首先确定研究对象的目标事件，即所关注的系统或过程中可能发生的重要事件。然后，根据该目标事件，构建一个事件树，从根节点开始，逐步展开可能导致目标事件发生的各种事件序列。这些事件序列包括基本事件（即导致目标事件的最基本的事件）、中间事件（可能作为其他事件的结果）和顶层事件（即目标事件本身）。通过对事件之间的逻辑关系和概率进行分析，可以计算出每个事件序列发生的概率，从而评估目标事件发生的可能性。事件树分析的关键在于确定和量化各种事件发生的概率。这通常需要依靠专业知识、历史数据和统计方法等进行估算和计算。同时，还需要考虑不同事件之间的逻辑关系和相互影响，以确保分析结果的准确性和可靠性。

2. 故障树分析

故障树分析是一种定量风险评估方法，其主要特点是采用逻辑树结构来描述系统可能发生故障的各种事件和逻辑关系。该方法通过对系统的故障事件进行分解和组合，以确定导致系统故障的基本事件，进而计算系统发生故障的概率和影响，从而识别和排除潜在的风险。

在故障树分析中，首先确定研究对象的目标事件，即系统发生故障的重要事件。然后，通过对系统进行逻辑分解，将目标事件分解为导致它发生的一系列基本事件，这些基本事件通常是系统中的故障或失效事件。接着，通过逻辑门（如与门或门、非门等）对这些基本事件之间的逻辑关系进行描述和组合，构建起故障树的结构。故障树分析中的基本事件和逻辑关系是通过专家知识、历史数据和统计方法等进行确定和量化的。通过对每个基本事件发生的概率和导致目标事件发生的逻辑路径进行计算，可以得出系统发生故障的概率，进而评估故障对系统运行的影响程度。

3. 风险分析和评估技术

风险分析和评估技术是一种综合性的定量风险评估方法，包括事件树分析、故障树分析、可靠性分析、失效模式和影响分析等技术，以全面考虑各种风险因素，获得更准确和可靠的风险评估结果。

（三）综合风险评估

风险分析和评估技术是一种综合性的方法，旨在对潜在风险进行全面的定量评估和分析。这些技术涵盖了多种方法和工具，以帮助识别、分析和评估可能对组织、项目或活动产生负面影响的风险因素。其中包括事件树分析、故障树分析、可靠性分析、失效模式和影响分析等技术。

事件树分析是一种定量风险评估方法，通过建模和分析事件发生的序列和概率，计算事件发生的可能性和影响程度，以确定风险的大小和优先级。故障树分析则是基于逻辑树结构的方法，通过对系统可能发生的故障事件和逻辑关系进行建模和分析，识别和排除潜在的风险。可靠性分析是一种定量风险评估方法，用于评估系统在一定时间范围内正常运行的能力，以确定系统的可靠性水平。失效模式和影响分析是一种定性风险评估方法，用于识别系统可能发生的各种失效模式及其对系统性能和安全性的影响。

第二节　粉尘爆炸风险评估流程与指南

一、收集资料和准备阶段

在进行粉尘爆炸风险评估之前的收集资料和准备阶段至关重要，这一阶段为整个评估工作奠定了坚实的基础。在这个阶段，企业需要积极收集各种相关资料，并做好评估工作的充分准备。

（一）企业应当着重收集与工艺流程相关的资料

企业在进行粉尘爆炸风险评估时，应特别关注收集与工艺流程相关的资料。工艺流程图是评估工作的基础之一，它是一份展示工厂生产流程、设备布局以及物料流动路径的图表。这张图可以帮助评估人员全面了解生产过程中的各个环节，从而更好地识别潜在的粉尘爆炸风险点。一是，工艺流程图能够清晰地展示工厂的生产过程。通过工艺流程图，评估人员可以了解原材料的进料路径、加工过程、产品的生产线路等关键信息。这有助于他们全面了解工厂的生产情况，从而识别出可能存在的粉尘积累、静电积聚等潜在风险点。二是，工艺流程图还能够展示设备的布局和连接方式。评估人员可以通过工艺流程图了解设备之间的连接关系、设备的摆放位置以及物料的流动路径。这些信息对于评估可能存在的设备故障、积尘区域以及粉尘爆炸可能发生的位置都至关重要。

除了工艺流程图之外，设备清单也是评估过程中必不可少的资料之一。设备清单记录了工厂内各个设备的型号、规格、状态等重要信息。评估人员可以通过设备清单了解每台设备的工作原理、使用条件以及维护情况，从而分析和识别可能存在的设备故障和隐患。这些信息对于评估粉尘爆炸风险、制定相应的控制措施具有重要的参考价值。

（二）企业还应当收集物质安全数据表（MSDS）

除了工艺流程图和设备清单之外，企业在进行粉尘爆炸风险评估时，还应当积极收集物质安全数据表（MSDS）。MSDS 是一种详细描述和说明工厂内使用的化学品和物质的文件，它提供了有关化学品的成分、性质、危险特性、安全操作方法等重要信息。通过研究 MSDS，评估人员可以深入了解工厂内可能存在的化学品爆炸和火灾风险，从而有针对性地进行风险识别和分析。一是，MSDS 提供了关于化学品成分和性质的详细信息。这些信息包括了化学品的主要成分、化学结构、物理性质（如颜色、形态、密度等）、化学性质（如稳定性、溶解性、反应性等）等。通过研究这些信息，评估人员可以了解到不同化学品的特性，进而评估其对粉尘爆炸风险的影响。二是，MSDS 提供了有关化学品危险特性和安全操作方法的详细说明。这些信息包括了化学品的毒性、易燃性、爆炸性、腐蚀性等危险特性，以及相应的安全操作指南、应急处理方法等。评估人员可以通过研究这些信息，了解到不同化学品可能存在的危险行为和应对措施，有针对性地评估其对粉尘爆炸风险的影响。三是，MSDS 还提供了有关化学品的存储和处理方法的指导。这些信息包括了化学品的存储条件、存储容器的选择、处理废弃物的方法等。评估人员可以通过研究这些信息，了解到工厂内化学品的存储和处理情况，评估其对粉尘爆炸风险的影响，并制定相应的控制措施。

（三）企业还应当收集历史事故记录

收集历史事故记录对于评估粉尘爆炸风险至关重要。这些记录提供了宝贵的信息，帮助评估人员了解工厂过去发生的事故情况、原因以及造成的影响。通过对历史事故记录的分析，评估人员可以更好地识别和理解可能存在的粉尘爆炸风险，并从中吸取经验教训，避免重蹈覆辙，进一步提高评估工作的准确性和可靠性。一是，历史事故记录提供了关于过去发生的粉尘爆炸事故的详细信息。这些信息包括事故发生的时间、地点、具体情况、造成的损失和影响等。通过对这些记录的分析，评估人员可以了解到不同情景下粉尘爆炸事故的发生机理和特点，进而识别可能存在的风险点和薄弱环节。二是，历史事故记录提供了关于事故原因的分析和总结。这些分析可能涉及诸如设备故障、操作失误、管理漏洞等多个方面。通过深入分析事故原因，评估人员可以识别到导致粉尘爆炸的根本因素，从而有针对性地进行风险评估和控制措施的制定。三是，历史事故记录还提供了事故应对和处理的经验教训。通过对这些教训的总结，评估人员可以了解到不同应对措施的有效性和局限性，从而在今后的评估工作中更加科学地选择和采用相应的措施。

二、风险识别阶段

（一）对工厂进行现场检查

评估人员需要深入工厂现场，对各个生产区域、设备设施、工艺流程等进行全面观察和检查。他们需要关注粉尘积累情况，包括粉尘堆积在设备表面、管道、通风口等区域的情况。此外，评估人员还需注意是否存在可燃粉尘的生产或加工过程，以及这些过程中是否存在粉尘扬尘和扩散的情况。

（二）对设备进行检查和分析

评估人员需要对工厂内部的各种设备进行详细检查，包括生产设备、输送设备、加工设备等。他们需要关注设备的状态和运行情况，是否存在漏洞、损坏或老化现象，以及这些设备是否存在可能引发粉尘爆炸的隐患和风险因素。

（三）对工艺流程进行分析

评估人员需要了解工厂的生产工艺流程，包括原材料的进料、加工、生产过程以及产成品的出料等环节。他们需要分析工艺中可能存在的粉尘生成、积累和扬尘情况，以及与此相关的静电积聚、机械火花等可能引发爆炸的因素。

三、风险分析阶段

在粉尘爆炸风险评估的风险分析阶段，对识别出的潜在粉尘爆炸风险进行详细分析是至关重要的。这一阶段旨在深入了解每个识别的风险，评估其可能性和影响程度，以确定风险的等级和优先级，从而为制定有效的控制措施提供基础和指导。

（一）风险分析的核心

评估人员需要结合专业知识和实地观察，对每个潜在的粉尘爆炸风险进行系统分析。这包括评估风险发生的可能性，即风险事件发生的概率，以及评估风险的影响程度，即风险事件发生后可能对人员、设备、环境等造成的影响。

（二）评估人员需要确定风险的等级和优先级

在评估风险可能性和影响程度的基础上，将每个识别的风险分配到不同的等级，通常采用高、中、低等级别进行分类。同时，评估人员还需要确定每个风险的优先级，即根据其可能性和影响程度的综合情况确定其在风险管理中的重要性和紧迫性。在进行风险分析的过程中，评估人员还应考虑风险之间的相互影响和关联性，以及可能存在的风险叠加效应。这有助于更全面地理解和评估风险，避免忽略重要的风险因素。

（三）风险分析阶段的结果

应该以清晰和详细的方式记录和呈现，通常通过风险分析报告的形式进行总结和归档。这样的报告应包括对每个识别的风险的详细描述、风险可能性和影响程度的评估结果、风险的等级和优先级确定，以及相应的建议控制措施。

第三节　风险管理与应急响应措施

一、风险管理的基本原则与流程

风险管理的基本原则包括风险识别、风险评估、风险控制和风险监控。首先是风险识别，即确定和记录可能对企业产生不利影响的事件和因素。其次是风险评估，通过对已识别风险的可能性和影响程度进行定量或定性分析，确定其严重程度和优先级。接着是风险控制，即采取适当的措施降低或消除已识别的风险，以减少风险发生的可能性或降低其影响。最后是风险监控，持续跟踪和评估风险控制措施的有效性，并根据需要调整管理策略和措施。

风险管理的流程包括确定风险管理的目标和范围、识别和评估风险、制定风险管理计划、实施和监控风险管理计划、评估和改进风险管理效果等步骤。在确定目标和范围时，企业应明确风险管理的目的、范围和责任。识别和评估风险阶段是分析已知和潜在的风险，并确定其对企业的影响程度和可能性。制定风险管理计划是根据风险评估结果，制定具体的管理策略和措施。实施和监控风险管理计划是执行制定的措施，并持续监测其执行情况和效果。评估和改进风险管理效果阶段是对已实施的风险管理措施进行定期评估，并根据评估结果调整和改进管理策略和措施。

二、应急响应措施的制定与实施

应急响应措施的制定与实施是企业应对突发事件和事故的重要环节，对于确保人员安全和最小化损失具有关键性意义。首先，企业需要明确应急响应措施的责任人和应对程序。责任人通常是由企业内部的安全管理团队或特定负责人负责，他们负责协调和指导应急响应工作。应对程序则是指在突发事件发生时，各级责任人员应采取的具体行动步骤和应急措施，确保应急响应工作能够迅速、有序地展开。

应急响应措施通常包括多个方面，例如事故报警、紧急撤离、灭火救援和伤员救治等。事故报警是指及时向相关部门和人员发出警报，以启动应急响应程序，并快速响应事件。紧急撤离是在发生火灾、爆炸或其他危险事件时，组织人员有序撤离现场，确保他们的安全。灭火救援则是针对火灾等火灾危险的应急措施，包括使用消防器材和组织灭火队伍进行灭火。伤员救治是在事故中受伤的人员需要紧急救治时，提供及时的医疗救护和抢救措施，以最大程度地减少伤亡。

应急响应措施的实施需要进行定期演练和培训，以确保企业员工熟悉应对程序和操作技能，提高应急响应的效率和准确性。通过定期的演练和培训活动，可以检验和完善应急响应计划，提高人员应对突发事件的应变能力和应对水平。同时，演练和培训也有助于增强员工的安全意识，提高他们在紧急情况下的应急反应能力，从而有效应对各类突发事件，最大限度地保护人员的生命安全和财产安全。

第四节　安全文化建设与培训

一、安全文化的概念与重要性

（一）安全文化的定义和内涵

1. 对安全的认知

安全文化涵盖了员工对安全的认知，包括对安全风险、安全规章制度以及安全管理措施的认识和理解。良好的安全文化能够使员工深刻认识到安全工作的重要性和必要性，形成对安全工作的积极态度和正确认知。员工应该了解工作环境中可能存在的安全隐患和风险，并且明白采取适当的安全措施对于预防事故的重要性。

2. 对安全的态度

安全文化涵盖了员工对安全工作的态度和情感投入。良好的安全文化能够使员工形成对安全的高度重视和关注，形成自觉遵守安全规章制度、积极参与安全管理、共同维护安全环境的态度和行为习惯。员工应该将安全放在首要位置，将安全视为自己的责任，积极参与安全活动，并且相互监督、共同维护工作场所的安全。

3. 对安全的行为

安全文化涵盖了员工在实际工作中的安全行为表现。良好的安全文化能够使员工养成正确的安全工作习惯和行为模式，如遵守操作规程、正确使用安全设备、及时报告安全隐患等，从而有效减少事故和伤亡的发生。员工应该在日常工作中严格执行安全操作规程，注意安全操作技能的培养，确保自身和他人的安全。

4. 对安全的组织和管理

安全文化还涵盖了企业对安全管理的重视程度和管理措施的有效性。良好的安全文化需要企业建立健全的安全管理体系，加强对安全工作的组织和领导，提供必要的资源和支持，推动安全文化的建设和发展。企业应该建立健全的安全管理制度和流程，加强对安全工作的监督和检查，及时发现和解决安全问题，确保员工的安全健康。

（二）安全文化的重要性

1. 增强员工安全意识和自觉性

良好的安全文化能够使员工深刻认识到安全工作的重要性，增强他们对安全工作的自觉性和主动性。通过安全培训、安全教育等方式，员工能够更好地理解安全风险，并意识到自身的行为对安全的影响。他们将安全视为首要任务，并自觉地遵守安全规章制度，积极参与安全管理，从而有效预防事故的发生。

2. 降低事故发生风险

建立和强化安全文化有助于形成良好的安全行为习惯和规范，有效减少事故和伤亡的发生。在一个具有良好安全文化的企业中，员工更加注重安全操作和安全措施的执行，积极参与安全活动和安全检查，提高了事故预防和应急处置的能力，从而有效降低了事故发生的风险。

3. 提高安全管理水平

安全文化的建设可以促进企业安全管理水平的提高，增强对安全风险的识别和控制能力。通过建立健全的安全管理体系，制定科学合理的安全制度和流程，加强对安全工作的组织和领导，企业能够更加有效地管理和控制安全风险，保障生产经营活动的正常进行，提高了企业的整体竞争力和可持续发展能力。

二、安全培训的内容与方法

（一）安全培训内容

1. 安全意识培训

安全意识培训旨在通过教育和宣传，提高员工对安全工作的认识和重视程度，使他们形成安全第一的思想意识。这种培训可以包括安全政策和制度的介绍、安全风险的认知、安全责任的强调等内容。通过培训，员工能够深刻认识到安全工作的重要性，增强安全意识，从而在工作中更加注重安全，减少事故发生的可能性。

2. 安全操作培训

安全操作培训是针对具体的工作岗位和操作环节，对员工进行操作规范、安全技能等方面的培训。这种培训可以包括设备操作的规范流程、安全操作的注意事项、应急处置的方法等内容。通过培训，员工能够了解到正确的操作方法和安全技能，提高工作操作的规范性和安全性，降低事故发生的风险。

3. 应急救援培训

应急救援培训是针对突发事件和事故的应对能力进行培训，包括事故报警、紧急撤离、灭火救援等方面的技能培训。这种培训可以模拟各种突发情况，指导员工在紧急情况下的正确应对方法和操作步骤。通过培训，员工能够掌握应对突发事件的基本技能，提高应急处置的效率和准确性，保障员工在危险情况下的安全。

（二）安全培训方法

1. 课堂教学

课堂教学是一种传统的安全培训方法，通过专业教师的讲解，向员工介绍安全知识和操作技能。这种方法可以结合文字、图片、视频等多种形式，生动形象地向员工展示安全工作的重要性和具体操作方法。通过课堂教学，员工可以系统地学习和理解安全知识，提高对安全工作的认识和理解程度。

2. 案例分析

案例分析是一种针对实际事故案例的分析方法，通过分析真实的事故案例，总结事故原因和教训，引导员工深刻认识安全问题的严重性和必要性。这种方法可以通过讨论、分享和角色扮演等形式进行，让员工从实际案例中吸取经验教训，增强对安全工作的重视和警惕性。

3. 模拟演练

模拟演练是一种实践性较强的安全培训方法，通过模拟真实的应急场景，让员工在模拟环境中进行实际操作和应对，培养他们应对突发事件的应变能力和应急反应能力。这种方法可以包括火灾逃生演练、应急救援演练等，让员工在实际操作中学习应对突发情况的方法和技巧，提高应对突发事件的能力和效率。

第六章　粉尘爆炸事故案例分析

第一节　粉尘爆炸事故的类型与特征

一、不同类型粉尘爆炸事故的特点与表现

（一）扬尘爆炸

粉尘爆炸多在伴有铝粉、锌粉、铝材加工研磨粉、各种塑料粉末、有机合成药品的中间体、小麦粉、糖、木屑、染料、胶木灰、奶粉、茶叶粉末、烟草粉末、煤尘、植物纤维尘等产生的生产加工场所。发生粉尘爆炸时，初始爆炸的冲击波将其他区域的沉积粉尘扬起，形成粉尘云，引发二次爆炸，二次爆炸波及范围和威力往往比初始爆炸大得多。

1. 产生场所广泛

扬尘爆炸的发生场所十分广泛，主要集中在伴有各种粉尘的生产加工场所。这些场所可能包括金属加工车间、木材加工厂、煤矿、化工厂等。在这些场所中，由于工艺操作产生的粉尘在空气中扬起，形成可燃性的粉尘云，一旦遇到火源就可能引发爆炸。

2. 初始爆炸引发二次爆炸

扬尘爆炸的特点之一是初始爆炸可能引发二次爆炸。当初始爆炸发生时，它的冲击波会将周围区域的沉积粉尘扬起，形成新的粉尘云，然后这些新的粉尘云又可能被点燃并引发二次爆炸。这种连锁反应会导致爆炸波及范围和威力大大增加，加剧了事故的严重性。

3. 爆炸范围广泛

扬尘爆炸由于其冲击波和火焰的能量巨大，其造成的破坏范围通常较广

泛。不仅可以直接损坏爆炸源附近的设备和结构，还可能引发周围区域的次生爆炸和火灾蔓延。这种次生爆炸和火灾蔓延可能造成更大范围的破坏和伤害，给工厂和人员带来严重的安全威胁。

（二）云爆

1. 封闭空间发生

云爆是一种常见的粉尘爆炸类型，其通常发生在封闭容器内部，如罐车、仓库、封闭的设备等。相对于开放环境，封闭空间限制了爆炸的范围，使得爆炸能量更为集中，从而导致更为严重的爆炸后果。在封闭容器内部，粉尘可以在一定的压力和温度条件下形成可燃性的云雾状，一旦遇到点火源，即可引发爆炸。与开放环境相比，封闭空间内的爆炸受到容器壁的限制，使得爆炸波及范围受到局限，但由于能量无法散播，反而更容易形成能量集中释放，从而导致爆炸后果更为严重。云爆的爆炸波及范围虽然相对较小，但其能量密度更高，对容器内部和周围环境造成的破坏更为严重。此外，封闭空间内部可能存在的其他可燃气体也增加了事故的复杂性，可能引发次生爆炸和火灾蔓延，增加了事故的危害程度。因此，对于封闭空间内的粉尘爆炸风险，必须采取有效的防范措施，包括加强通风排气、定期清理粉尘、使用防爆设备等，以减少事故的发生，并降低事故造成的损失。

2. 爆炸能量集中

在封闭容器内发生的粉尘云爆中，爆炸能量的集中释放是一种显著的特征。粉尘在封闭环境中形成的云雾状，当遇到点火源时，所释放的能量会被限制在有限的空间内，这导致了爆炸反应更为强烈和集中。相比于开放环境，封闭空间内的爆炸能量无法有效地扩散和释放，因此其造成的破坏和伤害往往更为严重。

这种爆炸能量的集中释放导致了爆炸反应的强烈程度大幅增加。在封闭容器内部，粉尘云所释放的能量无法散播到周围环境，而是在有限的空间内密集释放。这样一来，爆炸反应的威力增加了，爆炸波及范围内的结构、设备和人员都更容易受到严重的破坏和伤害。冲击波、火焰和高温气体的集中释放，使得爆炸后果更为严重和灾难性。另外，由于爆炸能量的集中释放，封闭空间内的粉尘云爆炸可能会引发次生爆炸和火灾蔓延等次生灾害。封闭容器内部可能存在其他可燃气体或可燃材料，一旦这些物质被引燃，将增加事故的复杂性和危险程度，扩大爆炸事故的影响范围和后果。

3. 容易引发次生爆炸

在封闭空间内发生的云爆事件，若存在其他可燃性气体，可能会引发次生的爆炸，进而增加事故的危害程度。这种次生爆炸现象在粉尘爆炸事故中并不罕见，而且在一些情况下可能会造成更为严重的后果。

封闭空间内的可燃性气体可以是工作环境中的其他物质，例如蒸汽、氢气、甲烷等，也可能是在爆炸过程中产生的气体，例如氧气、一氧化碳等。这些可燃气体在与粉尘爆炸的火焰相遇时，可能会引发次生的爆炸反应。

次生爆炸的产生机制主要涉及气体的燃烧和爆炸特性。在云爆炸燃烧过程中，产生的高温气体会使周围环境中的氧气与其他可燃气体发生燃烧反应，形成次生的爆炸。此外，粉尘爆炸所产生的压力波和火焰也可能导致周围环境中的气体混合、扩散，从而扩大次生爆炸的范围和影响。次生爆炸的发生进一步增加了事故的复杂性和危险程度。它不仅加剧了爆炸事故的破坏范围和伤害程度，还可能导致连锁反应，引发更为严重的次生灾害，如火灾蔓延、设备破坏等。

（三）层积爆炸

1. 发生环境局限

层积爆炸通常发生在水平表面上，例如工厂车间的地面、输送带、储存仓库的地面等封闭空间内。相比于其他类型的粉尘爆炸，层积爆炸的爆炸范围相对较为局限，但即便如此，也可能在有限的空间内造成严重的破坏。

封闭空间内的水平表面是层积爆炸发生的主要场所之一。这些表面上通常会积累一定量的粉尘，例如木屑、煤尘、金属粉末等。当这些粉尘在一定条件下达到可燃浓度，并遭遇点火源时，就会发生层积爆炸。由于爆炸发生在水平表面上，其破坏范围通常较为局限，但仍可能造成严重的后果。尽管层积爆炸的爆炸范围相对较小，但其所产生的爆炸能量并不可小觑。爆炸时释放的压力波和火焰能量可能会导致周围设备和结构的严重损坏，甚至引发火灾蔓延、次生爆炸等附加灾害。此外，由于爆炸是在密闭空间内发生，其对空间内部的压力和温度影响较大，可能导致容器或管道的破裂，进一步加剧事故的严重性。

2.爆炸持续时间较长

层积爆炸的爆炸持续时间较长是其一个显著特点。这种持续时间的延长与层积爆炸的特殊发生环境以及爆炸波的传播方式密切相关。在层积爆炸中，粉尘在水平表面上形成一层，并在点火后产生爆炸，火焰沿着表面蔓延，导致爆炸波持续的时间较长。一是，层积爆炸通常发生在封闭空间内，如工厂车间的地面、输送带、储存仓库的地面等。这种封闭空间限制了爆炸波的扩散，使得爆炸能量无法有效地释放出去，从而导致爆炸持续的时间相对较长。二是，层积爆炸的爆炸波沿着水平表面蔓延的特点也导致了持续时间的延长。与其他类型的爆炸相比，层积爆炸的爆炸波在水平表面上传播的速度较慢，需要一定时间才能覆盖整个爆炸区域，因此爆炸持续的时间较长。由于爆炸持续时间较长，层积爆炸造成的破坏范围可能会更大。持续的爆炸波和火焰能量可能导致周围设备和结构的严重损坏，甚至引发火灾蔓延、次生爆炸等附加灾害，增加了事故的严重性和危害程度。

3.易引发设备损坏

在层积爆炸事件中，易引发设备损坏是一个显著的特点，这会进一步增加事故的危害程度。层积爆炸的发生是由于粉尘在水平表面上形成一层，并在点火后产生爆炸，火焰沿着表面蔓延。这种特殊的爆炸模式使得爆炸能量集中在接触表面上，从而增加了设备损坏的可能性。一是，当爆炸波沿着水平表面蔓延时，其能量会直接作用于接触表面上的设备和结构。由于爆炸波的威力巨大，可能导致设备的变形、破裂甚至燃烧，造成严重的设备损坏。特别是对于一些易燃易爆的材料或设备，其受损程度更为严重，可能导致设备失效，甚至无法修复。二是，层积爆炸发生时，粉尘层的燃烧也会产生高温和火焰，直接作用于设备表面。这种高温作用可能导致设备的表面烧焦、熔化甚至燃烧，进一步加剧了设备损坏的程度。即使是一些耐高温的材料也可能在这种高温环境下受到损坏，从而影响设备的正常运行。由于设备损坏可能导致生产中断和经济损失，因此对于工厂和生产场所来说，防止层积爆炸并减少其可能造成的设备损坏至关重要。为此，可以采取一系列措施，如加强对粉尘的管理和清理、定期对设备进行检查和维护、增强设备的防爆设计等，以防止层积爆炸事件发生的概率，保障设备和生产场所的安全运行。

二、事故中常见的危害与损失分析

（一）人员伤亡

1. 爆炸力量巨大

粉尘爆炸的爆炸力量是其最显著的特点之一。当粉尘在一定条件下遇到点火源时，释放的能量会导致剧烈的爆炸反应。这导致的冲击波和火焰能够直接伤及周围的工作人员，造成不同程度的身体损伤、烧伤甚至窒息等严重后果。

2. 伤亡范围广泛

粉尘爆炸可以发生在各种生产加工场所，如工厂车间、矿井、仓库等，因此可能波及的人员范围较广。爆炸的威力不仅影响爆炸源周围的工作人员，还可能波及较远的区域，导致伤亡情况较为严重。

3. 心理创伤

除了直接的身体伤害外，粉尘爆炸还可能给幸存者带来严重的心理创伤。目击爆炸或亲身经历爆炸的人员可能长时间受到精神上的影响，出现创伤后应激障碍等心理问题。这种心理创伤对个体和组织的影响可能比身体伤害更加深远。

（二）设备损坏

1. 生产设备受损

粉尘爆炸所释放的火焰和冲击波具有强大的能量，能够对生产设备和工艺设施造成严重的损坏。这些损坏可能包括设备的破裂、变形、焚毁甚至报废，使得设备无法正常运行，直接影响企业的生产效率和产能。

2.维修与更换成本高昂

一旦生产设备受到损坏，企业需要投入大量的人力、物力和财力进行维修或更换。修复受损设备的成本通常较高，特别是如果设备需要进行大规模的修复或更换，则可能对企业的财务状况造成严重冲击。

3.生产线瘫痪

设备损坏可能导致生产线的瘫痪，使企业无法正常进行生产。生产线停滞会导致订单无法及时完成，进而影响交付期限和客户满意度。长期的生产中断还会降低企业的市场竞争力，可能导致客户流失和声誉受损。

（三）生产中断

1.生产计划受阻

粉尘爆炸引发的设备损坏和安全隐患可能导致生产线停滞，从而使得企业的生产计划受到严重影响。生产中断使得原本正常运行的生产线无法继续生产，造成订单的滞留和生产任务的延误，进而影响了企业的正常运营。

2.经济损失严重

生产中断不仅影响了企业的生产计划和交付期限，还可能导致客户的流失和订单的取消。客户可能会因为无法按时获得产品而转向其他供应商，导致企业的销售额下降。此外，由于订单的滞留和生产任务的延误，企业还需要支付额外的成本来满足客户的需求，这进一步增加了企业的经济负担。

（四）环境污染

1 烟尘和有害气体释放

粉尘爆炸在释放烟尘和有害气体方面是一个重要的环境污染源，其中包括二氧化碳、一氧化碳、氮氧化物、挥发性有机化合物等。这些物质的释放可能对周围环境和人类健康产生负面影响。一是，二氧化碳是一种常见的粉尘爆炸释放物质。在爆炸过程中，燃烧所产生的热量会导致有机物质燃烧，释放大量的二氧化碳。这种气体对于人类健康来说通常不是直接的威胁，但在高浓度下会导致窒息和缺氧，对生态环境也会造成一定的影响。二是，一氧化碳也是粉尘爆炸释放的主要有害气体之一。一氧化碳是一种无色、无味、无臭的气体，但对人体的健康危害极大。它与血红蛋白结合的能力远远高于氧气，当一氧化碳大量吸入时，会使血红蛋白与氧气结合的能力降低，造成组织和器官缺氧，严重时甚至导致中毒和死亡。三是，氮氧化物也常常在粉尘爆炸中释放。这些气体主要包括一氧化氮（NO）和二氧化氮（NO$_2$），它们对呼吸系统和心血管系统具有刺激性，长期接触可能导致慢性疾病，如气管炎、支气管炎、心脏病等。四是，挥发性有机化合物（VOCs）也是粉尘爆炸释放的重要污染物之一。这些化合物具有挥发性，易于在空气中传播。它们可能对空气质量造成严重的影响，还可能引发臭氧生成等二次污染，对健康和环境产生更加复杂的影响。

2. 生态系统受损

环境污染对周围的生态系统可能产生深远的不利影响。粉尘爆炸释放的大量烟尘和有害气体排放到空气中后，可能对植物的生长和土壤的肥力产生直接影响。一是，大气中的污染物质会直接影响植物的光合作用，破坏叶片表面的叶绿素，降低光合作用的效率，进而影响植物的生长和发育。这可能导致植物数量减少、生长受限甚至死亡，影响植被的稳定性和多样性。二是，粉尘爆炸释放的有毒气体和颗粒物可能沉积到土壤表面，进而进入土壤中，影响土壤的物理性质和化学性质。有毒物质的积累可能导致土壤污染，抑制土壤微生物的活动，破坏土壤的生态系统。土壤污染还可能影响植物的吸收和利用营养物质的能力，进而影响植物的生长和生态系统的稳定性。三是，粉尘爆炸释放的有害气体和颗粒物也可能进入水体，对水生生物产生不利影响。这些有害物质可能导致水质污染，破坏水生生物的栖息环境，影响水生生物的生存和繁衍。同时，水体污染还可能对水源的安全性和可持续利用性造成威胁，进而影响生态系统的稳定性和生物多样性。

3. 社会影响严重

环境污染所带来的社会影响是十分严重的。一旦发生粉尘爆炸事故导致环境污染，公众和社会各界往往会对此高度关注，并且可能对企业的声誉和形象产生负面影响。公众对环境问题的敏感性不断增强，对企业的环保责任和义务提出了更高的期望，因此，企业在面对环境污染问题时往往需要承担更多的社会责任。一是，社会舆论对环境污染问题的关注程度逐渐提升。粉尘爆炸所引发的环境污染事件通常会成为公众关注的焦点话题，媒体报道、社交网络等平台上的舆情反响可能会引发公众的担忧和不满。这些舆情反响对企业的声誉和形象可能造成负面影响，甚至影响其市场地位和品牌价值。二是，政府部门可能会加大对企业环保问题的监管力度。面对环境污染事件，政府可能会采取严厉的处罚措施，包括罚款、停产整顿、吊销执照等，以维护社会公众的利益和环境的稳定。此外，政府还可能对企业进行更严格的监管和审核，加大对环保设施建设和运营管理的监督力度，进一步增加了企业的经营成本和法律风险。

第二节　典型粉尘爆炸事故案例分析

案例一：煤磨袋收尘爆炸案例

煤磨袋收尘爆炸；在水泥厂煤粉制备系统中，煤磨袋收尘是最容易发生爆炸的设备设施之一。当煤磨运行时，易燃物CO和煤粉尘在20区（煤磨袋收尘）持续存在，在这样的情况下，遇到点火源，就可能发生燃烧乃至爆炸。

（一）事故经过和处理

1.事故简要经过

2020年12月19日早上，某公司现场巡检工发现1#线煤磨烟囱冒黑烟，立即通知值班调度，同时对讲机通知中控停机，中控操作员接通知后马上停给煤机，6分钟后开始停煤磨排风机（变频控制），至10分钟后排风机完全停机，此时煤粉仓和布袋收尘器6个灰斗温度显示64~68℃，煤粉仓CO浓度25~27PPM，袋收尘器出口CO浓度11~15PPM，均处于正常控制范围内，现场巡检工检查卸灰分格轮运转正常，下料管和灰斗温度手感正常。在用榔头敲击 3# 灰斗时发现烟囱冒灰加大，现场低压 CO_2 灭火系统警报响起，随即所有人员立即撤离现场。

2. 事故救援

事故发生后，公司立即启动了应急响应程序。调度和操作员迅速通知中控主任和安全环保部相关人员，确保第一时间将事故情况报告给相关部门。安全环保部相关人员在接到事故报告后，迅速采取行动，要求现场岗位人员立即撤离现场，确保他们的人身安全。在现场情况不明的情况下，安全环保部相关人员禁止再有人前往煤磨袋收尘的位置，以避免可能的危险。同时，他们立即向公司领导汇报事故情况，确保公司管理层能够及时了解事故的发生情况。

公司领导和车间负责人在接到事故报告后，立即做出反应，迅速赶往现场，指挥并参与事故救援和应急处理工作。他们的到场不仅能够提供决策支持和指导，还能够提供现场协调和资源调配的支持，确保救援工作能够顺利进行。为了降低事故的风险和影响，公司采取了严格的措施。首先，他们决定停止煤粉仓的使用，并确保在 19 日早上 10：00 之前停止料送到窑中。其次，他们要求确认煤粉仓和袋收尘器内部的数据，包括温度和 CO 浓度等指标，确保安全。最后，一旦确认煤粉仓和袋收尘器内部情况正常，公司组织人员立即进行现场喷水，并开盖检查收尘器内部情况，以进一步确保安全。

3. 事故损失

此次事故对某公司造成了严重的损失和影响。一是，事故导致生产线停窑达 23 小时之久，这意味着生产过程中出现了长时间的中断，直接影响了生产计划的执行和产品的生产。停窑期间，公司无法进行生产，造成了生产线的闲置和效益的损失，同时也可能影响到订单的交付和客户的满意度。二是，事故还导致了大量滤袋的更换。据报告，公司不得不更换了 768 只滤袋，这表明事故对生产设备和工艺设施造成了较为严重的损坏。滤袋作为重要的设备组成部分，在事故中遭受损坏，需要进行大规模的更换和维修，增加了企业的维护成本和生产恢复的时间成本。三是，事故还涉及 CO_2 气体的补充。根据报告，公司不得不补充了 2.05 吨的 CO_2 气体，这可能是为了应对事故导致的气体浓度异常或者是为了维持生产线的正常运行所需。无论是哪种情况，补充 CO_2 气体都增加了公司的成本负担，同时也反映了事故对生产过程的干扰和影响。四是，事故还导致了气缸阀片和防爆阀爆破片的更换。这表明事故可能导致了部分设备元件的损坏或失效，需要进行紧急更换和修复，以确保设备的安全和正常运行。气缸阀片和防爆阀爆破片的更换，不仅增加了公司的维修成本，还可能延长了生产恢复的时间，进一步加剧了事故对企业的影响。

（二）原因分析

1. 直接原因

煤磨袋收尘内可燃粉尘（气体）发生爆燃，导致煤磨袋收尘着火。通过对水泥厂煤粉制备系统燃爆事故原因分析，引发煤磨系统袋收尘燃爆的点火源主要有一般明火、电气火灾、煤粉自燃、高温热风（带火星颗粒）、撞击火星和摩擦静电产生的火花、雷击等等。

（1）一般明火

水泥企业一般主要是检修过程中气割火焰和电焊红花，此次煤磨袋收尘爆炸是在设备正常运行过程中，无人员进行检修作业，所以此原因排除。

（2）电气火灾

主要是由于电气设备选型和安装不当；电气设备绝缘损坏或线路老化；电气设备使用不当、过载；人员违反安全操作规程；电气连接点电阻过大等。企业已经将所有电气设备按照《工贸企业粉尘防爆安全规定》要求，更换成防爆电器，线路日常安全检查中，也未发现问题。此原因排除。

（3）煤粉自燃

当煤粉与空气中的氧气接触时被氧化，氧化反应释放的热量聚集达到煤粉的点火能时煤粉发生自燃。

引发煤粉自燃的原因分析：

①袋收尘灰斗积灰，引发煤粉自燃。脉冲气缸提升阀板开裂，导致清灰效果差，造成灰斗和滤袋积灰，加之气温较低可能造成结露加剧煤粉堆积。

②煤粉挥发性高，细度控制过细。经查，12月份进厂煤挥发分均值为

30.35、空干基热值均值为 6016kcal/kg，当天记录煤粉细度凌晨 1：00 煤粉细度为 7.1%；4：00 煤粉细度为 6.7%。

③现场岗位工在检查灰斗时，敲击灰斗仓壁，致使灰斗仓壁和·滤袋上煤粉滑落，遇到灰斗内自燃的煤粉，引发爆燃。通过分析，煤粉自燃，是引起此次煤磨袋收尘爆炸的主要原因。

（4）高温热风（带火星颗粒）

工厂煤磨高温热风采用窑尾取风，从窑尾取风点到煤粉制备系统，通过管道长距离输送，先经过煤磨系统，存在火星颗粒的可能性几乎没有。此原因排除。

（5）撞击火星和摩擦静电产生的火花

煤磨中混入铁块等撞击产生火星；铁质物质吸入袋收尘内碰撞产生引起的火花；煤粉输送过程中产生静电打火；检修、清扫过程中使用工器具撞击产生火星；穿戴物摩擦产生静电火花。袋收尘爆炸发生在早上，当时无人员在袋收尘上作业（企业也明令禁止煤磨袋收尘在煤磨系统运行过程中进行作业）；原煤入煤磨皮带处安装有金属探测器，后经检查，金属探测器工作正常。此原因排除。

（6）雷击由于雷电产生的电火花

此原因排除，当日未发生打雷。

2. 间接原因

（1）煤粉细度控制过细

经查，煤粉细度由化验室控制。前月进厂煤挥发分均值为 30.35，煤粉细度控制值应为：（30.35÷2-2）%=13.2%。

（2）低压 CO_2 灭火系统被人为打到手动状态

经查，由于该系统经常出现温度和 CO 报警，中控室把低压 CO_2 灭火系统打到了手动控制状态。

（3）操作员未发现袋收尘进出口压差变化并采取有效措施

经查，该班中班（16：00~23：00）收尘器压差均值为 2495pa、夜班（0：00~6：00）收尘器压差均值为 2144pa，相差 351pa。

（4）现场巡检直到早上天亮时才发现烟囱冒灰。

（5）袋收尘灰斗下部螺旋绞刀至煤粉仓、收尘器进风口安装的是电动闸板阀，且需要手动操作；收尘器出口未安装闸板阀。

（6）收尘器3气室与出风道之间的墙板有一处破洞。

（三）粉尘防爆主要要求

根据中华人民共和国应急管理部令（第6号）《工贸企业粉尘防爆安全规定》，企业在建立和落实粉尘防爆安全管理制度时，需要考虑多个方面，以确保粉尘防爆工作的全面推进和有效实施。一是，企业需要进行粉尘爆炸风险的辨识和评估工作。这包括对企业内部各个环节可能存在的粉尘积聚和爆炸风险进行全面调查和评估，确定潜在的危险源和风险点，为后续的防范措施提供依据。二是，企业应当进行粉尘爆炸事故隐患的排查与治理。通过定期的隐患排查工作，发现和整改可能存在的安全隐患，包括粉尘积聚、设备漏洞等问题，以降低事故发生的概率和危害程度。三是，企业需要建立粉尘岗位安全操作规程，明确员工在粉尘作业岗位上的操作程序和安全规范，加强对员工的安全教育和培训，增强其安全意识和操作技能，减少操作中的安全风险。四是，企业还应当加强粉尘防爆专项安全生产教育与培训。通过定期的安全教育和培训活动，提高员工对粉尘防爆工作的认识和理解，使其熟悉应对突发情况的应急措施和操作技能，有效应对潜在的安全风险。五是，企业还需制定粉尘清理与处置的规范和程序，确保粉尘积聚得到及时清理和处理，防止其引发火灾或爆炸事故。对除尘系统和相关安全设施设备的运行、维护与检修、维修管理也需要进行全面的规范和管理，确保设备处于良好地运行状态，减少设备故障可能带来的安全风险。六是，企业应当建立完善的粉尘爆炸事故应急处置和救援机制，制定应急预案和演练计划，提高应急处置的能力和水平，及时有效地应对粉尘爆炸事故，最大限度地减少人员伤亡和财产损失。

（四）根据此次事故发生原因分析，需采取的预防措施

1. 根据煤粉挥发分，严格按要求控制煤粉细度。按照要求，煤粉细度控制指标定位 $k=（Vad/2-2）\%$

2. 低压 CO_2 灭火系统需达到自动控制状态。充分利用好企业已经投入使用的低压二氧化碳灭火系统，做好此系统的日常维护保养，确保系统运行正常可靠，系统使用需采取自动控制系统，切忌采用人为手动控制。煤磨进出口应设温度监测装置，煤粉仓、收尘器应设温度和一氧化碳监测及自动报警装置；检测报警装置应定期检查、校验，确保完好、准确；煤粉制备车间的煤磨合煤粉仓旁，应设置干粉灭火装置和消防洒水装置；煤磨收尘器入口及煤粉仓应设气体灭火装置；消防设备设施应定期检查，确保完好。

3. 所有仪器、仪表应保证准确、稳定、可靠。合理选择电气设备，选用防爆型电气设备；规范电气配线，电气配线与防爆电气设备引入装置的连接方式要符合规范，严禁私拉私接临时电线。煤粉制备系统所有设备和管道应可靠接地；煤粉仓、煤粉秤、煤粉除尘器及煤粉管道等易燃易爆的设备、容器、管道，应采取消除静电的措施；定期检测接地电阻是否符合要求。

4. 收尘器进风口、收尘器灰斗铰刀到煤粉仓的电动闸板阀改成气动闸板阀，且进行连锁控制；煤磨收尘器进口应设置失电时自动关闭的气动快速截止阀门，并应与收尘器下部灰斗的温度报警装置信号可靠联锁。

5. 袋收尘滤袋定期（到期）进行更换，不超期使用。煤粉制备系统收尘设备应选用煤磨专用的袋式收尘器，应有防燃、防爆、防雷、防静电及防结露措施。收尘器应设置温度和一氧化碳监测，并应设置气体灭火装置，灰斗部位应设温度监测及自动报警装置。

6. 中控操作员应精心操作，密切关注各种参数变化情况并采取有效措施。对系统操作人员进行岗位生产技能和安全操作规程的培训和考核，合格后方可上岗工作。

7. 现场岗位和巡检人员，加强日常巡检，发现问题及时通知中控。对煤粉制备系统设备和管道应实行密封，严禁跑冒滴漏。

7. 加强煤粉系统的安全审计、做好应急演练。

通过对煤磨袋收尘爆炸原因的分析，排查煤磨袋收尘爆炸发生的主要因素，控制爆炸危险因素，做好相关防控措施，使煤磨袋收尘运行安全可靠。

案例二：纤维鱼粉及农产品类粉尘爆炸防治

食品行业的安全大家都很关心，因为关系到大家的切身利益。对于食品生产过程，除消费者普遍关心的质量问题外，生产者还要关心生产过程中各个方面的安全问题。现在企业管理者大都具备安全生产意识，对安全要素、危险源的认知程度越来越高，但对食品生产过程中可能发生的粉尘爆炸的认知相对偏弱，总以为易燃易爆的是一些化学物品，食品行业原材料相对稳定，不会爆炸，而实际情况并非如此。下面，就食品生产中可能发生的粉尘爆炸危险及其防治进行探讨。

（一）案例分析

在世界范围内，食品行业发生爆炸的案例很多。

1. 佐治亚州制糖厂爆炸案

2008 年 2 月 7 日晚，在美国东南部的佐治亚州，一家制糖厂发生了一起规模巨大的爆炸事件，造成了惨重的人员伤亡和严重的财产损失。据报道，此次爆炸导致 6 人死亡，62 人受伤，而厂房则被彻底摧毁，四层的厂房变成了一片废墟。

事故的爆发极为突然，爆炸的威力惊人，火焰高度甚至超过了 50 米，给周围环境造成了极大的冲击。经过调查发现，爆炸的罪魁祸首是糖尘，一种在制糖生产过程中产生的粉尘。糖尘在一定的浓度和温度条件下能够形成爆炸性的混合物，一旦遇到火源，就会引发剧烈的爆炸反应。此次事故的惨重伤亡和严重破坏给公司带来了沉重的打击，也引发了社会各界对于工业生产安全的关注和反思。针对此类粉尘爆炸事故，企业和监管部门需要加强对于粉尘防爆安全的管理和监管，加强生产过程中粉尘的收集和处理，以及加强对于生产现场的安全监控和预防措施的实施，以减少类似事故的发生。

2. QHD 抚宁骊骅淀粉厂爆炸案

2010 年 2 月 24 日，QHD 抚宁县的骊骅淀粉厂发生了一起严重的爆炸事故，给当地造成了重大伤亡和财产损失。据报道，事故发生后，三层厂房几乎全部坍塌，设备损毁严重，造成了 19 人死亡，49 人受伤。这起事故的发生根源在于车间内的淀粉粉尘爆炸。淀粉粉尘在一定条件下能够形成易爆混合物，一旦遇到火源，就会引发剧烈的爆炸。而车间内可能存在的火花或高温，使得淀粉粉尘得以燃烧，最终导致了爆炸的发生。此次事故再次凸显了粉尘防爆安全在工业生产中的重要性。企业应当加强对生产设备的安全监控和维护，确保生产过程中不会产生火花或高温，从而减少粉尘爆炸的风险。此外，加强对于粉尘爆炸的风险评估和预防措施的实施，也是减少类似事故发生的关键。

3. 江西省某居民家厨房面粉爆炸案

在食品行业中，不仅工业生产中容易发生粉尘爆炸，就连普通居民家中也有可能发生与食品原料有关的爆炸事故。

主要引起爆炸的介质分别是糖尘、淀粉尘、面粉尘、可可粉。糖尘（砂糖）爆炸浓度的下限为 $77\sim107g/m^3$，引燃温度为 $360℃$；淀粉尘爆炸浓度的下限为 $45g/m^3$，引燃温度为 $430℃$；面粉（小麦粉）尘爆炸浓度的下限为 $60g/m^3$，引燃温度为 $410℃$；而且可可粉在粉尘堆积的情况下引燃温度仅需 $245℃$。由此可见，这些常见的食品原料发生爆炸的条件是比较容易达到的。

（二）产生爆炸的原因

1. 爆炸的要素

粉尘、气体以及液体产生爆炸的三个要素基本相同，即引起爆炸的介质、介质与空气混合的浓度、引爆源（也叫触发源）。

2. 介质

粉尘作为一种常见的危险介质，在工业生产和食品加工中具有潜在的爆炸危险。根据爆炸危险环境电力装置设计规范（GB50058）的分类，粉尘可分为三级：ⅢA 级为可燃性飞絮，ⅢB 级为非导电性粉尘，ⅢC 级为导电性粉尘。这种分类主要基于粉尘的导电性质和可燃性等特征，有助于不同类型粉尘的危险程度进行评估和管理。

在食品生产中，常见的粉尘介质主要分为两大类。第一类是农产品类，包括荞麦粉、小麦粉、玉米糠、谷物粉、玉米淀粉、马铃薯粉、砂糖粉、乳糖、面粉、米粉等。这些粉尘常见于面包、糕点、米饭等食品的加工过程中，由于它们的非导电性质和细小颗粒的特点，一旦积聚并达到爆炸浓度，就可能引发严重的爆炸事故。

第二类是纤维鱼粉类，包括可可子粉、咖啡粉、啤酒麦芽粉、鱼粉、菜种渣粉、椰子粉等。这些粉尘主要来源于食品加工中的调味料、食品添加剂以及动物性食品的制作过程中。与农产品类粉尘相似，这些纤维鱼粉类粉尘也具有非导电性的特点，一旦遇到火源或高温条件，也可能发生爆炸。

这些常见的粉尘介质在日常生活中很常见，但它们潜在的爆炸危险性不能被忽视。因此，食品企业在生产过程中必须采取有效的防爆措施，包括定期清理和除尘、加强设备的防爆设计、增强员工的安全意识等，以降低粉尘爆炸事故的发生概率，保障生产环境的安全稳定。

3. 爆炸性粉尘的释放源

释放源就是可释放出能形成爆炸性混合物所在的部位或地点。

根据《爆炸危险环境电力装置设计规范》GB50058中的定义，释放源按照粉尘释放的频繁程度和持续时间分为如下三级：

（1）连续释放源：长期或短期频繁释放的释放源。

（2）一级释放源：在正常运行时，预计可能周期性的或偶然释放的释放源。

（3）二级释放源：在正常运行时，预计不可能释放，如果释放也仅是不经常的并且是短期释放的释放源。

在食品的生产过程中，各级释放源不同程度地存在于多个环节，如稻谷碾米时出现的糠尘和米粉尘、小麦制粉时出现的面粉粉尘、玉米加工时出现的玉米粉尘、马铃薯和土豆加工时出现的淀粉粉尘，这些粉尘均在生产过程中不同程度地释放出来，根据释放的频繁程度和持续时间形成各级释放源。食品加工企业（如烘焙、糕点制作、饼干生产等）在不同的工段（称重、搅拌和面、分料）用到大量的面粉、米粉、淀粉，同样会形成各级释放源。

4. 温度和浓度

食品生产企业一般存在烘、烤、蒸、煮等工段，这些工段均属于高温作业。各种粉尘在温度高到一定值时就会燃烧产生火源，当粉尘浓度在爆炸范围内时，就会形成爆炸。

5. 点燃爆炸的火源

爆炸三要素中第三个要素就是引爆源。即使介质的浓度在爆炸范围内，介质也不会自己爆炸，需要有引爆源才会爆炸，最常见的引爆源就是明火、电火花、雷击、高温等。爆炸三要素缺少任何一个要素，爆炸就不会发生。

（三）如何防止爆炸产生

1.危险源的辨识

危险源的辨识在防止粉尘爆炸中至关重要，特别是对于食品企业而言。建立一套系统的危险源识别和评估体系是必不可少的，这需要由公司负责安全或运行的部门进行监督和管理，并采取控制措施，以消除或降低危险源的发生概率。危险源清单应由公司负责安全的相关人员签署，确保全面性和准确性。在辨识危险源时，需要考虑以下因素：一是，需要考虑正常工作时可能出现的情况，以及非正常情况，如故障、异常和紧急情况。这包括考虑到工作场所内可能存在的各种情况，以及工作人员的行为、能力和其他因素。二是，需要考虑进入工作场所的人员情况，包括员工和访客，以确保他们的安全和意识到潜在的危险。三是，需要考虑外部环境对工作场所的影响，包括周边环境的因素，如天气、气候和地理位置，以及可能对工作场所安全性造成的影响。四是，设备故障可能造成的影响也是需要考虑的因素，必须对可能导致设备故障的因素进行识别和评估，以及采取相应的预防和控制措施。五是，对同类企业过去发生的类似案例进行借鉴和分析也是非常重要的，可以从中吸取经验教训，加强对潜在危险的认识和防范。

在识别危险源时，必须重点关注两个方面：一方面是介质，粉尘在空气中的浓度达到爆炸范围内时，可能会成为潜在的危险源；另一方面是引爆源，包括但不限于电气设备、开关、易遭雷击的部位、易摩擦的部位、高温场所和明火部位。这些都是可能引发粉尘爆炸的潜在引爆源，在识别和管理过程中需要给予特别关注和防范。通过全面识别和评估危险源，并采取相应的控制措施，可以有效地减少粉尘爆炸事故的发生，保障企业和员工的安全。

2.防爆的意识

企业每位员工均要有防爆的常识，对粉尘爆炸的要素要熟悉，同时要对危险源有充分地认识，也要非常明确地知道如何防止粉尘爆炸。这些常识主要来自对食品企业的员工培训，培训必不可少。

3. 从爆炸三要素中解决防爆问题

粉尘爆炸的三个要素是引起爆炸的介质、介质与空气混合的浓度、触发源。这三个要素缺任何一个，爆炸就不会发生。所以，为了不发生粉尘爆炸，需要采取措施避免这三个要素同时存在。从介质的角度来说，由于生产需要，不用含粉尘的原料相对来说很困难，所以在真实的生产场所尽可能地对第二和第三要素采取措施来解决问题。

为了避免介质（粉尘）与空气混合的浓度在爆炸范围内，主要采取的措施有：（1）控制释放源，减少产生混合性气体的机会，即减少扬尘的场所。（2）加强通风，稀释介质与空气混合后的浓度，让粉尘和空气混合物的浓度保持在爆炸下限浓度的10%以下。（3）有条件的食品厂可以采用介质与空气隔绝或部分隔绝；如介质在管道输送过程中或者在生产容器中充入二氧化碳或者氮气等惰性气体，这样做的目的是隔绝空气。（4）在有粉尘的环境，可以用负压减少粉尘环境的范围。（5）粉尘检测设备、监控设备的使用：控制介质（粉尘）与空气混合的浓度也是防止粉尘爆炸的重要手段，这就要应用粉尘检测设备和监控设备。防尘检测设备按照检测方法根据工作原理可以分为静电感应法、光散射法、光吸收法、称重法、电容法等，按照安装方法可以分为固定式和便携式。当检测到粉尘浓度大于爆炸下限的10%时，要有对应的措施。

为了避免在粉尘爆炸危险环境内产生触发源，主要采取的措施有：（1）尽可能在粉尘爆炸危险环境内不出现高温设备。（2）尽可能在粉尘爆炸危险环境内不出现明火（通过有关规章制度进行落实）。（3）尽可能在粉尘爆炸危险环境内不出现用电设备。当必须有用电设备时，必须使用防爆等级与环境及介质匹配的防爆产品。（4）地面采用绝缘材料做整体面层时，应有防静电措施。

4. 防爆设备的采用与选型

电气产品容易产生火花，在粉尘爆炸危险环境内就是一种触发源，采用防爆设备的主要目的就是隔离触发源。

在设备选型前，要先明确介质。农产品和可食用纤维鱼粉的粉尘等级均为非导电性粉尘，属于ⅢB级，介质的引燃温度大部分＞4000℃，极少部分＜4000℃，但均＞3000℃。在粉尘防爆设备选型时，要根据介质、设备类型、粉尘的爆炸环境区域、温度级别等因素查《爆炸危险环境电力装置设计规范》的选型表来选择设备。

5.爆炸区域的划分

根据《爆炸危险环境电力装置设计规范》，爆炸危险区域根据爆炸粉尘环境出现的频繁程度和持续时间分为 20 区、21 区、22 区；20 区应为空气中的可燃性粉尘云连续地或长期地或频繁地出现于爆炸性环境中的区域；21 区应为在正常运行时，空气中的可燃性粉尘云很可能偶尔出现于爆炸性环境中的区域；22 区应为在正常运行时，空气中的可燃性粉尘云一般不可能出现于爆炸性粉尘环境中的区域，即使出现，持续时间也是短暂的。

（四）爆炸发生、救援中的注意事项

食品企业粉尘爆炸后往往会引起火灾、建筑损坏、二次粉尘扬尘后的二次爆炸等二次灾害，防止二次灾害发生的主要措施如下：

1.防止二次爆炸的发生

加强有粉尘环境的空气湿度。当粉尘爆炸发生后，在施救过程中，消防水枪除用来扑灭明火外，还要向有粉尘（食品原材料或成品）场所喷洒，提高湿度、降低粉尘再次扬尘的可能性。提高湿度后，降低了形成爆炸的粉尘与空气的混合物的可能性或者达不到爆炸的浓度，并在爆炸的粉尘与空气的混合物周边降低了形成明火的概率，降低了二次爆炸发生的可能性。

2.火灾影响的危险程度的降低

粉尘爆炸后，大多伴随着火灾的发生，食品企业必须使用火灾自救的设备和装置。通常情况下，必须按照《自动喷水灭火系统设计规范》（GB50084）的要求设置喷水灭火系统。

3.建筑损坏二次灾害的防治

在粉尘爆炸发生时，建筑物往往成为受损最严重的对象之一。建筑物的损毁不仅会造成直接的人员伤亡和财产损失，还可能导致二次灾害，对救援工作造成阻碍和风险。因此，预防建筑损坏和二次灾害的发生至关重要。一是，在设计和建造食品企业的建筑时，必须严格按照相关规范和标准进行。建筑结构必须具有足够的承载能力和抗震能力，以确保在爆炸发生时能够保持相

对稳定。特别是针对食品企业这类潜在爆炸危险性较高的场所，建筑设计必须考虑到爆炸发生时的影响，采取相应的防护措施。二是，建筑物内部应该设置合适的疏散通道和安全出口，以确保人员在紧急情况下能够迅速安全地撤离。疏散通道的设置应当合理规划，通畅无阻，且符合消防安全标准，以确保人员在短时间内安全撤离建筑。三是，建筑的泄压设计也至关重要。在爆炸发生时，建筑内部的压力会急剧增加，如果没有适当的泄压设计，建筑物的结构可能会因压力积聚而受损甚至倒塌，造成更严重的伤害和损失。因此，建筑的泄压面积和位置必须符合规范要求，能够有效释放内部压力，减轻建筑物的损毁程度，降低二次灾害的发生概率。

第三节　事故原因与教训总结

一、事故根因分析与反思

（一）人为操作失误

1. 操作人员对粉尘爆炸危险的认识不足

事故的根本原因之一可以归结为操作人员对粉尘爆炸危险的认识不足。在许多工作环境中，特别是涉及粉尘或粉末物质的生产和加工过程中，粉尘爆炸是一种常见的但又易被忽视的危险。操作人员对于这种潜在的危险可能没有足够的认知和了解，导致了安全意识的缺失，以及相应的安全措施的不足。

粉尘爆炸是由于空气中的粉尘在一定条件下遇到点火源或热源而发生的一种爆炸性现象。这种现象在许多工业和生产场所都可能发生，特别是在粉尘密集的环境中，如木工车间、面粉加工厂、化工厂等。然而，由于粉尘本身是微小颗粒的集合物，因此人们往往对其潜在的危险性缺乏足够的认识。一是，操作人员可能缺乏对粉尘爆炸危险的全面了解。他们可能没有接受过针对粉尘爆炸危险的专业培训，也没有系统地了解粉尘爆炸的机理、条件以及预防措施。这导致了他们无法意识到粉尘积聚可能会引发爆炸，并且缺乏正确的反应和处理方法。二是，即使操作人员意识到了粉尘爆炸的危险，他们也可能对其轻视或忽视。由于粉尘爆炸通常在短时间内发生且具有瞬间性，操作人员可能会觉得发生爆炸的可能性较低，从而忽略了安全措施的重要性。此外，一些操作人员可能过于依赖于自己的经验和技能，认为他们能够应对任何突发情况，从而忽视了安全意识的培养和加强。三是，操作人员可能缺乏对粉尘爆炸风险的具体认知。粉尘爆炸的发生与粉尘的浓度、粒径、空气中的氧浓度以及点火源等多种因素密切相关。然而，操作人员可能对这些因素的影响和作用机制了解不足，导致他们无法有效地评估工作环境中的爆炸风险，并采取相应的防范措施。

2.对爆炸风险的轻视或忽略

另一方面，操作人员可能存在对爆炸风险的轻视或忽略，未能将粉尘爆炸风险放在重要位置上。这种轻视或忽略可能源自多种原因，其中之一是对工作环境的过度乐观。在一些情况下，操作人员可能习惯于长期处于相对安全的工作环境中，因此对于潜在的危险往往产生一种误判，认为粉尘爆炸风险较低，从而忽视了必要的安全措施。此外，操作人员可能受到生产任务的压力影响，过度专注于完成工作任务，而忽视了安全问题。在一些情况下，为了提高生产效率和产量，企业可能存在着追求利润最大化的倾向，从而忽略了对安全的重视。操作人员可能被要求尽快完成生产任务，因此可能会在安全方面采取轻率的态度，不够重视粉尘爆炸的潜在危险性。操作人员可能缺乏对爆炸风险后果的充分认识，导致他们低估了潜在的危险。在一些情况下，操作人员可能认为即使发生爆炸事故，也能够迅速控制和应对，因此对于爆炸风险的严重性产生了误解。这种误解可能源自对爆炸事故后果的不清晰认识，操作人员可能没有意识到爆炸可能导致的严重伤亡和财产损失，因此对于安全问题存在一定程度的漠视或忽视。

（二）安全管理不到位

1.焊接设备使用存在安全隐患

安全管理不到位是导致事故的另一个根本原因。事故中焊接设备的使用存在安全隐患，可能是因为设备的操作规程不清晰，人员对设备的正确使用方法不了解，或者设备本身存在缺陷等原因，这都表明了安全管理的不足。一是，焊接设备的操作规程可能不够清晰明确。在一些情况下，企业可能没有为焊接设备的操作制定详细的操作规程，或者操作规程存在模糊不清的情况，导致操作人员对设备的正确使用方法不清楚。缺乏清晰的操作规程可能会导致操作人员在使用焊接设备时存在误解或错误操作，增加了事故发生的风险。二是，操作人员对焊接设备的正确使用方法可能存在不了解的情况。在一些情况下，操作人员可能缺乏对焊接设备操作的专业知识和技能，无法正确使用焊接设备或者不清楚如何应对突发情况。这可能导致操作人员在使用焊接设备时出现操作失误，增加了事故发生的可能性。三是，焊接设备本身可能存在缺陷或存在安全隐患。在一些情况下，企业可能使用老旧设备或者未经过及时维护保养的设备，存在设备老化、磨损严重或者功能失效等问题，这可能会增加焊接设备使用过程中的安全风险。此外，设备设计或制造上的缺陷也可能存在一定的安全隐患，需要引起重视和关注。

2. 管理制度不完善

企业在安全管理方面可能存在管理制度不完善的问题，这是导致事故发生的一个重要因素。管理制度的不完善可能表现在多个方面，包括相关安全管理制度的制定不够完善、执行不到位等情况，这些问题都可能导致安全管理工作的疏漏和缺失，从而为事故的发生埋下了隐患。一是，可能存在相关安全管理制度的制定不够完善的情况。企业在制定安全管理制度时，可能存在制度内容不够完备、制度条款不够具体明确的情况。制度内容不够完备可能导致企业在某些方面没有明确的规范和要求，从而难以对潜在的安全隐患进行有效地管控和管理。此外，制度条款不够具体明确可能导致操作人员对制度的理解存在偏差，影响了制度的有效执行。二是，可能存在安全管理制度执行不到位的情况。即使企业制定了相关的安全管理制度，但在实际执行过程中可能存在管理人员对制度的不重视或者执行不到位的情况。这可能与企业内部管理机制、管理人员素质、管理监督制度等方面有关。如果管理人员对安全管理制度的执行不够严格，容易造成企业安全管理工作的漏洞和失误，从而增加了事故发生的风险。三是，可能存在安全管理制度的更新和完善不及时的情况。随着技术和管理的不断发展，原有的安全管理制度可能已经无法满足当前生产经营的需要，需要不断更新和完善。如果企业对安全管理制度的更新和完善不够及时，可能导致企业的安全管理措施滞后于实际生产经营的需求，从而影响了安全管理工作的有效性。

二、事故教训的总结与应对措施建议

（一）加强对粉尘的管控和管理

1.建立健全的粉尘管理制度

为了有效管理粉尘，企业需要建立健全的粉尘管理制度。这一制度应该覆盖各个方面，包括粉尘清理、防护设施的设置和维护，以及粉尘防爆措施的实施等内容。一是，制定粉尘清理的频率和方法是至关重要的。不同生产环境下，粉尘积聚的速度和程度会有所不同，因此需要根据实际情况确定清理的频率。同时，制定清理的方法也需要考虑到粉尘的种类和位置，确保清理工作既彻底又安全。二是，粉尘防护设施的设置和维护也是粉尘管理制度的重要组成部分。这包括对通风设备、除尘设备、防护罩等设施的安装和维护。这些设施的合理设置可以有效控制粉尘的扩散和积聚，降低爆炸风险。三是，粉尘防爆措施的实施也是粉尘管理制度的重点内容之一。企业需要根据工作环境中粉尘的特性和爆炸危险性，采取相应的防爆措施，如使用防爆设备、设立爆炸隔离区等，以确保工作场所的安全稳定。

为了确保粉尘管理工作的有效实施，企业需要建立相应的制度文件和标准操作程序。这些文件和程序应该明确相关的责任部门和责任人员，规范粉尘管理工作的具体流程和操作要求。同时，需要进行定期的培训和考核，提高员工对粉尘管理工作的认识和执行能力。

2.加强粉尘浓度和爆炸危险性监测

为了有效控制粉尘引发的爆炸风险，企业应当加强对工作环境中粉尘浓度和爆炸危险性的监测和评估工作。这项工作对于提前预防事故的发生至关重要。一是，企业可以通过安装粉尘监测设备来实时监测工作场所的粉尘浓度。这些监测设备可以精确地检测空气中的粉尘含量，并将数据反馈给监测系统。通过定期对粉尘浓度进行监测和分析，可以及时掌握粉尘积聚的情况，发现异常情况并及时采取措施。二是，对不同粉尘种类的爆炸危险性进行评估也是至关重要的。不同类型的粉尘在空气中的爆炸危险性存在差异，因此需要对每种粉尘的爆炸危险性进行科学评估。通过了解不同粉尘的爆炸特性，企业可以确定每种粉尘的爆炸风险等级，进而采取相应的防护措施。在监测和评估的基础上，企业可以制定相应的应对策略和措施。针对不同粉尘浓度和爆炸危险性，制定相应的防护措施和安全操作规程。例如，针对高浓度的粉尘积聚，可以加强通风换气，减少粉尘扩散；对于高危粉尘，可以使用防爆设备或设立爆炸隔离区等措施，最大程度地降低爆炸风险。

3. 采取有效的控制措施

为了降低粉尘爆炸的风险，企业应采取一系列有效的控制措施，以保障生产环境的安全稳定。一是，根据粉尘浓度监测结果和爆炸危险性评估，企业应加强通风换气工作，以保持工作场所的空气清新。通过良好的通风系统，可以有效地将粉尘排出室外，降低粉尘浓度，减少爆炸风险。二是，企业应密封粉尘源，防止粉尘扩散。对于粉尘易积聚的地方，应采取密封措施，避免粉尘扩散到工作区域以外的地方。这可以通过安装密封罩、封闭设备等方式实现，有效地减少粉尘的飞散，降低爆炸风险。三是，使用粉尘收集设备也是一项重要的措施。通过设置粉尘收集设备，及时清理工作场所的粉尘积聚，防止粉尘过多积聚造成爆炸危险。这些收集设备可以是吸尘器、集尘器等，能够有效地收集和清理工作场所中的粉尘，保持环境清洁。针对易燃粉尘，企业还应采取防爆措施，如使用防爆设备和防爆工具等。这些防爆设备和工具能够在粉尘爆炸发生时有效地减轻爆炸的影响，降低人员伤亡和财产损失。同时，企业还应定期对这些防爆设备进行检测和维护，确保其正常运行。

（二）建立安全操作规程

1. 制定详细的安全操作规程

为了确保员工在生产过程中的安全，企业应该制定详细的安全操作规程。

这些规程应该清晰明了，覆盖粉尘清理、设备操作等方面的操作步骤和注意事项，以确保员工能够按照规程正确操作，降低事故发生的可能性。一是，针对粉尘清理工作，安全操作规程应该规定清理频率、清理方法以及必须采取的防护措施。员工在进行粉尘清理时，应穿戴防护设备，如口罩、手套和护目镜，以防止粉尘吸入和皮肤接触。同时，规程还应强调清理过程中的通风换气，避免粉尘在空气中扩散和积聚。二是，针对设备操作，安全操作规程应明确设备的正确使用方法和注意事项。规程应包括设备的启动和关闭程序、操作界限、异常情况的处理方法等内容。员工在操作设备时，必须严格按照规程的要求进行，不得擅自更改设备设置或操作方式，以免引发意外事故。三是，安全操作规程还应对其他可能存在的安全风险进行预防和控制。例如，规范化管理危险化学品的使用、储存和处置，规定火灾应急预案和逃生路线，以及提供应急救援培训等。这些规程的制定和执行，可以有效地保障员工的安全，减少事故的发生。

2. 强化操作培训和技能培训

为了加强员工的安全意识和操作技能，企业应定期开展员工安全操作培训和技能培训。这些培训活动旨在提高员工对粉尘爆炸危险的认识，使其能够熟练掌握正确的操作技能，并具备应对突发情况的能力。一是，培训内容应包括粉尘防护知识。员工需要了解不同粉尘种类的爆炸危险性及其防范措施，学习如何正确佩戴防护设备以及粉尘清理的方法。通过学习粉尘的特性和防护措施，员工能够更好地认识到粉尘爆炸的危险性，从而提高对潜在危险的警惕性。二是，培训内容还应包括安全操作规程。员工需要了解企业制定的安全操作规程，明确各项操作流程和注意事项。通过培训，员工能够了解如何正确操作设备、使用工具，并学会识别和排除潜在的安全隐患，以确保操作过程的安全稳定。三是，应急处理方法也是培训的重要内容之一。员工需要学习如何在事故发生时迅速做出正确的反应，采取有效的紧急措施以保障自身和他人的安全。培训内容应包括火灾逃生、急救知识和紧急通信等，提高员工应对突发情况的应急能力。

（三）加强员工安全教育和培训

1.定期开展安全教育活动

为了加强员工对粉尘爆炸危险的认识和理解，企业应定期开展安全教育活动。这些活动旨在通过多种形式，如安全知识讲座、安全演练等，向员工传达相关的安全信息，提高其对粉尘爆炸危险的警惕性和防范意识。一是，企业可以组织安全知识讲座，邀请专业的安全管理人员或外部专家向员工讲解粉尘爆炸的危险性及其防范措施。这些讲座可以涵盖粉尘爆炸的原理、危害、预防措施等内容，通过生动的案例和实例向员工传递安全知识，引导他们正确认识和应对粉尘爆炸的风险。二是，可以开展安全演练活动，模拟粉尘爆炸事故的应急情景，让员工亲身体验应对突发情况的过程和方法。通过实地演练，员工可以学习如何迅速做出正确的反应、有效地应对危机，提高应急处置能力和自救自护意识。三是，还可以利用多媒体技术，如制作安全教育视频、海报、宣传册等，向员工普及粉尘爆炸的知识和防范方法。这些多媒体资料可以随时随地进行观看和学习，增强员工的安全意识和知识储备。

2.增强员工安全意识

通过安全教育和培训，可以有效增强员工的安全意识，增强他们对工作环境安全的重视程度。安全教育和培训活动旨在向员工传达安全知识和技能，使他们能够更好地认识和理解工作中的潜在危险，并学会正确的应对方式。一是，安全教育和培训可以帮助员工了解各种工作环境中可能存在的安全风险和危害。通过向员工介绍事故案例、安全规定和标准操作程序等内容，让他们深刻认识到安全事故的严重性和后果，从而增强对安全问题的警觉性。二是，安全培训还可以帮助员工掌握必要的安全技能和应急处置能力。培训内容可以包括灭火器的正确使用方法、紧急疏散逃生技巧、急救知识等，使员工在面对突发情况时能够迅速、有效地做出反应，保障自身和他人的安全。除此之外，安全教育和培训还可以促进员工形成良好的安全行为习惯和自我保护意识。通过引导员工积极参与安全管理、提高安全责任感，培养员工主动发现和解决安全隐患的意识，形成全员参与、共同维护安全的工作氛围。

第七章　粉尘爆炸监测与检测技术

第一节　粉尘浓度监测技术

一、粉尘浓度监测原理

1. 光学方法

光学方法是一种常用于粉尘浓度监测的技术手段，利用光线与粉尘颗粒之间的相互作用来实现浓度的测量。在工业生产和环境监测中，粉尘浓度的准确监测对于保障生产安全和环境保护至关重要。光学方法通过光的散射或吸收现象来检测粉尘浓度，具有操作简便、实时性强、非接触性等优点，因此被广泛应用于各个领域。

在光学方法中，光线穿过空气中的粉尘时会发生散射或吸收现象，这是因为粉尘颗粒对光的干扰导致了光线的强度发生变化。通过测量光线在空气中的散射或吸收程度的变化，可以推算出粉尘颗粒的浓度。其中，散射法和吸收法是两种常见的光学方法。散射法利用粉尘颗粒对光的散射现象来测量粉尘浓度。通过将光源照射至粉尘环境中，然后测量散射光的强度变化，就可以确定粉尘浓度的大小。这种方法操作简单，适用于一般粉尘浓度的监测，但对于细粉尘的监测精度较低。吸收法则是利用粉尘颗粒对光的吸收现象来测量粉尘浓度。通过光源照射至粉尘环境中，然后测量光线被吸收的程度，即可推算出粉尘浓度。这种方法通常对细粉尘的监测更为敏感，但需要考虑光线在吸收过程中的衰减效应。此外，激光散射法是在光学方法中具有较高精度和灵敏度的一种技术。它利用激光器产生的激光束与粉尘颗粒发生散射现象来测量粉尘浓度。由于激光的单色性和相干性，激光散射法在精密测量和高浓度粉尘监测中具有优势。

2. 物理方法

物理方法是粉尘浓度监测中常用的一种技术手段，主要依靠粉尘颗粒的物理性质与测量参数之间的关系来估计粉尘浓度。与光学、化学和电学方法相比，物理方法更加直接和简单，通常适用于特定粉尘颗粒大小范围内的监测。这些方法利用粉尘颗粒的质量、体积或其他物理特性来间接推算粉尘浓度，具有一定的实用性和适用性。

一种常见的物理方法是通过粉尘颗粒在空气中的沉降速度来估计粉尘浓度。根据斯托克斯定律，粉尘颗粒在气体中的沉降速度与其直径的平方成正比。因此，可以通过测量粉尘颗粒的沉降速度来推算出粉尘颗粒的直径，进而估计粉尘浓度。这种方法操作简单，适用于粉尘颗粒直径较大的情况，但对于细颗粒的监测精度较低。另一种常见的物理方法是通过测量粉尘在滤纸或其他过滤材料上的沉积量来估计粉尘浓度。当空气中的粉尘经过过滤材料时，会在表面沉积下来，形成一层颜色或重量可测的粉尘沉积。通过测量沉积量的变化，可以推算出粉尘在单位时间内的沉积速率，进而估算出粉尘浓度。这种方法适用于细颗粒和低浓度的监测，但需要考虑过滤材料的选择和标定。

3. 化学方法

化学方法是粉尘浓度监测中常用的一种技术手段，其原理基于化学反应的特性。这些方法利用粉尘颗粒与特定试剂之间发生的化学反应产生可测量的信号，从而确定粉尘浓度。常见的化学方法包括颜色反应法、滴定法和电化学法等，它们在粉尘浓度监测中发挥着重要的作用。

颜色反应法是一种常见的化学方法，其原理是通过粉尘颗粒与特定试剂之间的化学反应产生显色反应。这种方法通常用于特定类型的粉尘，例如重金属粉尘或化学品粉尘的监测。通过测量产生的颜色强度或颜色深度，可以推算出粉尘的浓度。滴定法是另一种常见的化学方法，其原理是将含有粉尘样品的溶液与一定量的滴定试剂逐滴混合，直至达到化学反应终点。通过滴定试剂的消耗量，可以计算出粉尘样品中特定成分的浓度。这种方法通常用于粉尘中特定成分的检测和定量分析。电化学法是一种基于电化学原理的粉尘浓度监测方法。该方法利用粉尘颗粒与电极表面的电化学反应产生的电流或电压信号来确定粉尘浓度。电化学法具有灵敏度高、响应速度快等优点，常用于对粉尘样品进行在线监测和实时分析。

4. 电学方法

电学方法是粉尘浓度监测中常用的一种技术手段，其原理基于粉尘颗粒与电场的相互作用。在电学方法中，常见的技术包括电阻式法和电容式法，它们通过测量粉尘颗粒对电阻或电容的影响来确定粉尘浓度。

电阻式法利用粉尘颗粒对电阻的影响来测量粉尘浓度。在这种方法中，粉尘颗粒的积聚会导致电路中的电阻值发生变化，进而反映出粉尘的浓度。通常，通过将电阻式传感器置于粉尘暴露的环境中，并测量电路的电阻值变化来实现对粉尘浓度的监测。

电容式法则是利用粉尘颗粒对电容的影响来测量粉尘浓度。在这种方法中，粉尘颗粒的积聚会改变电容器的电容量，进而反映出粉尘的浓度。通过测量电容器的电容值变化，可以实现对粉尘浓度的监测。电容算法通常具有较高的灵敏度和响应速度，适用于对粉尘浓度变化较快的环境进行实时监测。

电学方法具有灵敏度高、响应速度快等优点，因此在工业生产和环境监测中得到广泛应用。通过选择合适的电学传感器和测量设备，可以实现对不同类型和浓度范围的粉尘进行准确监测。这些方法为保障生产安全、提高环境质量提供了重要的技术支持。

二、粉尘浓度监测方法

1. 光散射法

光散射法是一种常用的粉尘浓度监测方法，利用粉尘颗粒对光的散射现象来测量粉尘浓度。在这种方法中，通过将光源照射至粉尘颗粒，并测量散射光的强度变化来推算粉尘的浓度。光散射法通常适用于粉尘颗粒较大、浓度较高的监测场景。光散射法的工作原理基于光与粉尘颗粒之间的相互作用。当光线穿过粉尘环境时，会与悬浮在空气中的粉尘颗粒发生相互作用，导致光线发生散射现象。粉尘颗粒的数量和分布密度会影响散射光的强度，因此可以通过测量散射光的强度变化来推断粉尘的浓度水平。在实际应用中，光散射法通常通过光学传感器或光电二极管等光电器件来实现。这些传感器可以精确地测量散射光的强度，并将其转换为粉尘浓度的数字信号。通过与预先确定的校准曲线相匹配，可以准确地计算出粉尘的浓度值。光散射法在工业生产、环境监测和室内空气质量检测等领域具有广泛的应用。由于其灵敏度高、测量精度较高，并且不受粉尘颗粒形状和颜色的影响，因此被广泛认可为一种可靠的粉尘检测方法。然而，需要注意的是，光散射法在应对粉尘浓度较低或颗粒较细的情况下可能会受到一定的限制。

2. 激光散射法

激光散射法是一种常用的粉尘浓度监测方法，利用激光器产生的激光束与粉尘颗粒发生散射现象来测量粉尘浓度。这种方法通过测量散射光的强度和方向分布来推算粉尘的浓度水平，具有高精度和灵敏度的优点。

在激光散射法中，激光器产生的激光束被照射至粉尘环境中，与悬浮在空气中的粉尘颗粒相互作用后会发生散射。这种散射现象与粉尘颗粒的形状、大小和浓度等因素密切相关。测量器件如光电二极管或光散射仪等被用来捕获并分析散射光的特性，例如强度、方向和波长等。通过对这些参数的测量和分析，可以计算出粉尘的浓度。

激光散射法的优点在于其高精度和灵敏度。由于激光器产生的单色光束可以提供稳定的光源，因此可以获得准确的散射光信号。此外，激光束的狭窄性使得仪器可以更精确地定位和测量散射光，从而提高了监测的精度。另外，激光散射法还具有非接触性、实时性和无污染等优点，适用于各种工业和环境监测场景。

3. 电阻式法

电阻率法是一种常见的粉尘浓度监测方法，其原理是利用粉尘颗粒对电阻的影响来间接测量粉尘的浓度水平。在这种方法中，电阻传感器被置于粉尘环境中，粉尘颗粒的沉积会导致电阻值的变化，进而推算出粉尘的浓度。

电阻式法的工作原理基于电阻的变化与环境中的粉尘浓度之间的关系。当粉尘颗粒沉积在电阻传感器表面时，它们会改变传感器内部电路的电阻，导致电阻值的变化。因此，通过测量电阻值的变化，可以间接推算出粉尘的浓度。通常，电阻式法可以适用于细粉尘和低浓度的监测。电阻式法的优点之一是其简单性和易于实施性。相对于其他监测方法，电阻式法的监测设备相对简单且成本较低，可以较容易地实现。此外，电阻率法对于不同类型的粉尘颗粒具有较好的适应性，使其在各种工业环境中广泛应用。

4. 电容式法

电容式法是一种常用的粉尘浓度监测方法，其原理是利用粉尘颗粒对电容的影响来测量粉尘浓度。在这种方法中，电容传感器被置于粉尘环境中，当粉尘颗粒悬浮在空气中时，它们会在电容传感器表面沉积，从而改变了电容器之间的电介质的介电常数。通过测量电容值的变化，可以推算出粉尘的浓度水平。

电容式法的工作原理类似于电阻式法，但是它使用的传感器是电容传感器，而不是电阻传感器。电容传感器通常由两个平行的电极组成，它们之间的电介质在没有粉尘沉积时的电容值稳定，但当粉尘颗粒沉积在电极表面时，会改变电容值。因此，通过测量电容值的变化，可以间接地推断出粉尘浓度的变化。电容式法适用于细粉尘和低浓度的监测，具有以下优点：首先，它是一种非接触式的监测方法，不会干扰粉尘的分布和运动。其次，电容传感器的响应速度较快，具有较高的灵敏度和稳定性。此外，电容式法相对于电阻式法来说，对粉尘颗粒的形状和大小不太敏感，因此具有更广泛的适用性。

第二节　粉尘爆炸危险性检测与评价

一、粉尘爆炸危险性评价的方法与指标

（一）评价方法

1. 实验法

实验法作为评估粉尘爆炸危险性的重要方法，在工业安全领域发挥着重

要作用。通过实验法，可以直接测定粉尘的爆炸特性，获取关键参数如爆炸极限、最小点火能量等，为企业的防爆措施提供科学依据。

在实验中，首先需要在实验室条件下进行，以确保实验环境的可控性和安全性。实验过程中，采集粉尘样品，并针对不同浓度和温度等条件，进行爆炸特性的测试。其中，爆炸极限浓度是实验的重要参数之一，它指示了粉尘在空气中形成可燃混合物的最低浓度，是粉尘发生爆炸的临界条件之一。另外，实验还需要测定粉尘引发爆炸所需的最小点火能量，这一参数反映了粉尘爆炸的敏感程度和易燃性。这些数据的获取需要借助专业的实验设备和技术手段，以确保实验结果的准确性和可靠性。

通过实验法获取的数据，为企业的安全管理提供了重要的依据和参考。企业可以根据实验结果，评估粉尘爆炸的危险性，并制定相应的防爆措施和安全操作规程。例如，针对爆炸极限浓度的实验结果，企业可以合理划分生产区域，设置粉尘监测装置，及时发现并处理粉尘积聚问题，减少爆炸的风险。另外，针对最小点火能量的实验结果，企业可以优化生产设备，采用防爆型材料，提高生产过程的安全性和稳定性。

2.计算法

计算法是一种重要的粉尘爆炸危险性评估方法，其核心在于利用粉尘的物化特性和相关理论模型，通过数值计算来估算粉尘在不同条件下的爆炸特性。这种方法的实施通常依赖于已知的粉尘物性数据和数学模型，以及热力学和动力学等理论的支持。

在进行计算法的应用时，首先需要收集和整理粉尘的物化特性数据，如粒径分布、密度、化学成分等。这些数据是计算过程的基础，对于准确评估粉尘的爆炸危险性至关重要。其次，建立相应的数学模型，通常包括热力学和动力学模型，以描述粉尘在不同条件下的燃烧和爆炸过程。这些模型考虑了粉尘的化学反应、燃烧速率等因素，可以有效地模拟粉尘在爆炸条件下的行为。接着，利用计算软件或数值方法，对建立的数学模型进行求解和计算。通过输入已知的粉尘物性数据和环境条件等参数，计算软件可以预测粉尘在不同条件下的爆炸极限、最小点火能量等关键参数。这些计算结果为企业提供了重要的技术支持，可以帮助企业评估爆炸风险，制定相应的安全管理策略。

计算法的优势在于其快速、高效、成本较低的特点。相比于实验法，计算法无需进行大量的实验测试，可以在较短时间内得到结果，并且可以通过模拟不同条件下的爆炸过程，为企业提供更加全面和细致的安全评估。此外，计算法还可以针对不同的情况和参数进行灵活调整，具有较强的适用性和可操作性。

3. 模拟法

模拟法作为粉尘爆炸危险性评估的一种重要方法，借助计算机模拟粉尘在不同条件下的爆炸过程，为企业的安全管理提供了重要的技术支持。这种方法通过建立数学模型和计算流体力学模拟，能够准确地模拟粉尘在容器内的扩散、混合和燃烧过程，从而预测粉尘爆炸的发生概率和可能的后果。

在使用模拟法进行粉尘爆炸危险性评估时，首先需要建立相应的数学模型。这些模型通常基于流体力学、热力学以及化学反应动力学等理论，考虑了粉尘的燃烧特性、反应动力学、空气动力学等因素，以模拟粉尘在不同环境条件下的行为。其次，利用计算机软件进行数值模拟，通过数值求解模型方程，模拟粉尘在容器内的运动、燃烧和能量释放等过程。这些模拟结果能够提供粉尘爆炸发生的概率、爆炸压力、爆炸温度等关键参数，为企业的安全管理决策提供重要参考。模拟法的优势在于其能够模拟复杂的爆炸场景，提供更加精细的爆炸危险性评估结果。相比于实验法和计算法，模拟法无需大量的实验测试，也不受实验条件和资源限制，可以更加灵活地模拟不同条件下的爆炸过程。此外，模拟法还能够预测爆炸的可能后果，如爆炸压力波对设备和人员的影响，为企业制定应急预案和安全防护措施提供重要参考。

（二）评价指标

1. 爆炸极限浓度

爆炸极限浓度是指粉尘在空气中形成可燃混合物的最低浓度范围，是评估粉尘爆炸危险性的关键指标之一。在工业生产和处理过程中，粉尘与空气混合后，当粉尘浓度达到一定范围时，就可能形成可燃混合物，引发爆炸。

爆炸极限浓度的测定对于工业生产中的防爆措施设计、爆炸风险评估等方面具有重要的意义。

确定粉尘的爆炸极限浓度通常需要借助实验或计算方法。实验方法是通过在实验室条件下，对粉尘在不同浓度下与空气的混合进行测试，从而确定粉尘的爆炸极限浓度范围。在实验中，通过控制粉尘与空气的混合比例，观察粉尘与空气混合物是否发生燃烧或爆炸，以确定爆炸极限浓度的上限和下限。这种方法的优点在于能够直接测定实际情况下的爆炸极限浓度，具有较高的可靠性。

另一种确定爆炸极限浓度的方法是计算法。计算法是通过粉尘的物理化学特性和相关理论模型，结合数值计算方法，推导和计算粉尘的爆炸极限浓度。在计算过程中，需要考虑粉尘的燃烧特性、空气动力学特性等因素，利用数学模型对粉尘与空气混合物的燃烧过程进行模拟和计算，从而得出爆炸极限浓度的估算值。计算法的优势在于可以在较短时间内得到结果，并且可以针对不同情况进行灵活调整，具有较强的适用性和可操作性。

无论是实验法还是计算法，确定粉尘的爆炸极限浓度都是保障工业生产安全的重要环节。企业可以根据实际情况选择合适的方法，确定粉尘的爆炸极限浓度，并采取相应的防爆措施，以确保生产过程的安全稳定。

2. 最小点火能量

最小点火能量是评估粉尘爆炸危险性的重要参数之一，它指的是引发粉尘燃烧或爆炸所需最低电火花的最小能量。这一指标反映了粉尘在接触外部能源时发生爆炸的敏感程度，即粉尘在遇到着火源时发生爆炸的能力。了解和准确评估最小点火能量对于制定防爆措施、保障生产安全至关重要。

在实际工业生产中，粉尘的最小点火能量通常通过实验法或计算法进行测定或估算。实验法是一种直接测定粉尘最小点火能量的方法，通常通过实验室条件下的爆炸试验来确定。在这种方法中，粉尘样品被置于特定条件下，并向其施加外部能源以模拟着火源，观察并记录粉尘爆炸所需的最小能量。这种方法具有直接性和可靠性的优势，能够准确测定粉尘的最小点火能量。

另一种确定最小点火能量的方法是计算法。计算法是通过利用粉尘的物化特性和相关理论模型，结合数值计算方法，对粉尘的最小点火能量进行估算。在计算过程中，需要考虑粉尘的化学成分、粒径分布等因素，并建立相应的数学模型来描述粉尘的燃烧过程。通过数值求解模型方程，可以得出粉尘的最小点火能量的估算值。计算法具有快速、高效的优势，可以在较短时间内得到结果，并且可以针对不同情况进行灵活调整，具有较强的适用性和可操作性。了解粉尘的最小点火能量有助于企业评估爆炸风险，并制定相应的防爆措施和安全操作规程。企业可以根据实际情况选择合适的方法，确定粉尘的最小点火能量，并加以合理利用，以确保生产过程的安全稳定。

3.爆炸压力

爆炸压力是指粉尘在爆炸时释放的压力能量，是评估粉尘爆炸危险性和设计防爆措施的重要指标之一。当粉尘与空气混合形成可燃混合物并被点燃时，其所释放的能量会导致压力急剧升高，形成爆炸压力波，对周围环境和设备造成严重影响。

粉尘爆炸时产生的压力波具有极大的破坏性，能够引起火灾、爆炸和人员伤亡等严重后果。因此，了解和准确评估爆炸压力对于保障生产安全至关重要。通常情况下，粉尘爆炸压力的测定可以采用实验和模拟两种方法。

实验方法是通过在实验室条件下模拟粉尘爆炸过程，测量和记录爆炸时释放的压力变化。在实验中，粉尘样品被置于封闭的容器中，通过引发爆炸来释放能量，然后使用压力传感器等设备测量爆炸压力，并绘制压力－时间曲线。通过实验数据的分析，可以确定爆炸的最大压力值和压力波的传播速度，为制定相应的防爆措施提供依据。另一种方法是模拟法，通过建立数学模型和计算流体力学模拟，模拟粉尘爆炸过程中的压力变化。在模拟中，需要考虑粉尘与空气混合物的燃烧过程、燃烧产物的生成和释放等因素，并利用数值方法求解模型方程，得出爆炸过程中的压力变化。模拟方法具有快速、高效的优势，能够模拟复杂的爆炸场景，并提供更加精细的压力变化数据，为安全管理决策提供更为准确的参考。

4.爆炸指数

爆炸指数是评价粉尘爆炸危险性的重要综合指标，其综合考虑了爆炸压力和爆炸持续时间等参数。这一指标能够反映出粉尘爆炸释放的能量和持续时间，对于评估爆炸危险性的严重程度具有重要意义。通过对爆炸指数的确定，可以更准确地评估粉尘爆炸可能带来的危害，并制定相应的安全管理措施。

粉尘爆炸指数的计算通常依赖于爆炸压力和爆炸持续时间等参数。爆炸压力是指粉尘爆炸时释放的压力能量，而爆炸持续时间则是爆炸释放能量的持续时间长度。这两个参数的综合考虑可以更全面地评估粉尘爆炸的严重程度和可能的危害程度。

确定粉尘爆炸指数通常可以采用实验、计算和模拟等方法。实验方法是通过在实验室条件下模拟粉尘爆炸过程，测量和记录爆炸时的压力变化和持续时间，从而计算得出爆炸指数。计算方法则是利用数学模型和物理理论，结合实验数据和计算方法，对爆炸压力和持续时间进行综合计算。模拟方法则是通过建立数学模型和计算流体力学模拟，模拟粉尘爆炸过程中的压力变化和持续时间，并计算得出爆炸指数。

粉尘爆炸指数的确定对于安全管理具有重要意义。通过准确评估粉尘爆炸可能带来的危害程度，可以采取相应的防护和控制措施，降低爆炸风险，确保生产过程的安全稳定。因此，粉尘爆炸指数的研究和确定具有重要的学术和实际应用价值，为安全管理提供了科学依据和技术支持。

二、相关检测技术的应用案例分析

（一）实验法应用案例

1. 实验法测定粉尘爆炸极限浓度和最小点火能量

某化工企业在评估生产过程中产生的粉尘的爆炸危险性时，选择了实验法作为评估方法。他们收集了生产过程中产生的粉尘样品，并对这些样品进行了爆炸极限浓度和最小点火能量的实验测定。这些实验旨在通过直接观察和测量粉尘在不同条件下的爆炸特性来评估其爆炸危险性。

在实验中，化工企业首先采集了生产过程中产生的粉尘样品，保证样品的代表性和可靠性。然后，他们在实验室中设置了相应的实验装置和条件，包括控制粉尘与空气的混合比例、控制温度和压力等参数。接着，他们对样品进行了爆炸极限浓度和最小点火能量的实验测定，通过控制不同的条件，观察粉尘在不同浓度和能量下的爆炸特性。

通过对实验数据的收集和分析，该化工企业确定了粉尘的爆炸极限范围和最小点火能量，这些数据为企业的防爆措施提供了科学依据。爆炸极限浓度的确定帮助企业了解了粉尘在空气中形成可燃混合物的最低浓度，而最小点火能量的确定则揭示了引发粉尘爆炸所需的最小能量。这些信息为企业设计安全生产流程、选择防爆设备和制定应急预案提供了重要参考，有助于降低爆炸风险，确保生产过程的安全稳定。

2. 实验结果支持防爆措施的制定

基于实验结果的粉尘爆炸危险性评估，该化工企业系统地制定了一系列针对粉尘爆炸危险性的防爆措施，以确保生产过程的安全稳定。这些措施不仅考虑了实验确定的粉尘爆炸极限浓度和最小点火能量，还综合考虑了企业生产环境、设备情况和员工安全培训等因素，以全面提高企业的防爆能力和应对突发事件的能力。一是，根据实验确定的粉尘爆炸极限浓度，该企业对生产车间进行了区域划分，并设置了粉尘监测装置。这一措施旨在实时监测生产环境中的粉尘浓度，一旦发现粉尘浓度超过安全范围，即可及时报警并采取相应的应急措施，以防止爆炸事件的发生。通过实时监测和预警系统的建立，企业能够及时识别并控制潜在的爆炸风险，提高了生产过程的安全性和可控性。二是，针对实验确定的最小点火能量，该企业对生产设备进行了技术改进，采用了防爆型设备和材料。这些防爆型设备具有更高的耐高温、防静电等特性，能够有效降低粉尘爆炸发生的可能性，并在发生爆炸时减少爆炸的危害程度。通过对生产设备的技术改进和防爆设备的应用，企业有效地提高了生产过程中的安全性和稳定性，减少了爆炸事故的发生概率。三是，该企业还加强了员工的安全培训，提高了员工对粉尘爆炸危险性的认识和防范意识。通过定期开展安全培训和演练活动，企业向员工普及了粉尘爆炸的知识和防护措施，使员工能够更加深入地了解粉尘爆炸的危害和防范方法，并掌握正确的应急处理技能。这些安全培训活动不仅增强了员工的安全意识，还提升了员工在突发事件中的应对能力，为企业的安全生产奠定了坚实的基础。

（二）计算法应用案例

1. 利用计算法分析粉尘爆炸参数

在粉体加工企业的新产品开发过程中，粉尘爆炸危险性的评估显得尤为重要。为了解决这一问题，该企业采用了计算法对新产品中所使用的粉尘进行了爆炸参数的分析。这一过程包括了收集粉尘的物化特性数据以及相关理论模型，并利用计算软件进行了爆炸参数的计算和模拟。通过这种计算法的应用，企业成功地获得了粉尘的关键爆炸参数，如爆炸极限和最小点火能量，这为企业的安全生产提供了重要的技术支持。

在分析粉尘爆炸参数时，该企业首先收集了有关粉尘的物化特性数据，如粉尘的化学成分、粒径分布、密度等。这些数据为后续的计算和模拟提供了重要的基础。接着，企业基于这些数据，利用相关的理论模型和计算方法进行了爆炸参数的计算和模拟。这些模型和方法可以包括热力学和动力学模型等，用于推导和计算粉尘的爆炸极限和最小点火能量等参数。

通过计算软件的应用，企业能够更加准确地估算粉尘的爆炸参数，而无需进行大量的实验。这不仅节约了时间和成本，还提高了评估的效率和精度。得益于计算法的应用，该企业成功地获得了粉尘爆炸的关键参数，为安全生产提供了重要的技术支持。

基于获得的爆炸参数，该企业能够全面评估新产品中所使用粉尘的爆炸危险性，并制定相应的防护措施和安全管理策略。这些措施包括但不限于加强粉尘的防护、改进生产工艺、优化设备设计等方面。因此，通过计算法对粉尘爆炸参数的分析，该企业得以充分了解和应对潜在的爆炸风险，从而提升了企业的安全生产水平和竞争力。

2. 优化生产工艺设计

在粉体加工企业的新产品开发过程中，粉尘爆炸危险性的评估显得尤为重要。为了解决这一问题，该企业采用了计算法对新产品中所使用的粉尘进行了爆炸参数的分析。这一过程包括了收集粉尘的物化特性数据以及相关理论模型，并利用计算软件进行了爆炸参数的计算和模拟。通过这种计算法的应用，企业成功地获得了粉尘的关键爆炸参数，如爆炸极限和最小点火能量，这为企业的安全生产提供了重要的技术支持。

在分析粉尘爆炸参数时，该企业首先收集了有关粉尘的物化特性数据，如粉尘的化学成分、粒径分布、密度等。这些数据为后续的计算和模拟提供了重要的基础。接着，企业基于这些数据，利用相关的理论模型和计算方法进行了爆炸参数的计算和模拟。这些模型和方法可以包括热力学和动力学模型等，用于推导和计算粉尘的爆炸极限和最小点火能量等参数。

通过计算软件的应用，企业能够更加准确地估算粉尘的爆炸参数，而无需进行大量的实验。这不仅节约了时间和成本，还提高了评估的效率和精度。得益于计算法的应用，该企业成功地获得了粉尘爆炸的关键参数，为安全生产提供了重要的技术支持。

基于获得的爆炸参数，该企业能够全面评估新产品中所使用粉尘的爆炸危险性，并制定相应的防护措施和安全管理策略。这些措施包括但不限于加强粉尘的防护、改进生产工艺、优化设备设计等方面。因此，通过计算法对粉尘爆炸参数的分析，该企业得以充分了解和应对潜在的爆炸风险，从而提升了企业的安全生产水平和竞争力。

3. 设计防爆设施

基于粉尘爆炸的计算结果和风险评估，该企业制定了一系列防爆设施，旨在提高生产过程的安全性和稳定性，有效应对粉尘爆炸可能带来的风险。其中，包括爆炸隔离装置和防爆排风系统等关键设施，这些设施在爆炸事件发生时起到了重要的作用，能够迅速隔离和排除粉尘，减少对生产设备和人员的损害，保障了生产的安全稳定进行。一是，针对可能发生的粉尘爆炸事件，该企业设计了爆炸隔离装置。这些隔离装置通常被安装在生产系统的关键部位，如粉尘输送管道或设备连接处。当爆炸发生时，爆炸隔离装置能够迅速检测到爆炸现象，并自动启动，将爆炸区域与其他部位进行隔离，防止爆炸的扩散和蔓延，最大限度地减少爆炸对其他设备和人员的影响。二是，企业还设计了防爆排风系统，用于在爆炸事件发生时迅速排除粉尘和燃气，以降低爆炸的危害程度。这些排风系统通常设置在生产车间的顶部或侧面，通过强制排风或自然通风的方式，将爆炸产生的粉尘和燃气排出车间，减少爆炸压力和温度的积聚，降低爆炸对设备和人员的伤害。除此之外，该企业还可能采取其他防爆措施，如安装防爆灯具、使用防爆电气设备等，以提高生产过程的整体防爆能力。这些设施和措施的设计和应用，有效地提高了企业对粉尘爆炸的防范和应对能力，保障了生产的安全稳定进行。

4.定期风险评估和技术更新

除了初步的爆炸参数分析和防爆措施设计，该企业还着重于建立定期的风险评估机制，并积极关注最新的技术进展。这一举措旨在不断提升企业的安全管理水平，有效应对粉尘爆炸可能带来的潜在风险。

定期的风险评估机制是该企业保障生产安全的重要保障之一。通过定期评估生产过程中的粉尘爆炸危险性，企业能够全面了解生产环境中的安全状况，及时发现潜在的安全隐患和问题。评估的内容涉及生产设备、工艺流程、人员操作等多个方面，以确保企业生产过程的安全性和稳定性。定期的风险评估不仅有助于发现问题，还可以为企业制定针对性的安全管理措施提供科学依据。与此同时，该企业还密切关注最新的技术进展，特别是与粉尘爆炸防护相关的技术。随着科学技术的不断发展，防爆技术也在不断更新和升级。企业通过关注最新的技术进展，能够及时了解和掌握先进的防爆技术和设备，从而为企业的安全生产提供更加有效的技术支持。同时，技术更新还可以帮助企业更好地适应不断变化的安全环境，提高应对突发事件的能力和效率。

第三节　在线监测与报警系统

一、在线监测技术的原理与实现方式

（一）原理

1. 传感器工作原理

（1）光学传感器

光学传感器是一种常用于粉尘浓度监测的传感器，其工作原理基于光散射或吸收与粉尘浓度相关的特性。当光束通过空气中的粉尘时，粉尘颗粒会散射或吸收光线，导致光线的强度发生变化。传感器接收并测量这种变化，然后将其转换为粉尘浓度的数据输出。光学传感器通常包括光源、光敏元件和信号处理部分，通过精确控制光源和光敏元件的位置和参数，可以实现对粉尘浓度的准确监测。

（2）电化学传感器

电化学传感器利用粉尘与电化学反应产生的电信号来测量粉尘浓度。其工作原理基于粉尘颗粒与特定的电极或电解质之间的化学反应，这种反应会产生可测量的电流或电压信号。传感器将这些信号转换为粉尘浓度的数据输出。电化学传感器通常由电极、电解质和信号处理电路组成，通过监测电极与电解质之间的电荷变化，可以实现对粉尘浓度的准确测量。

（3）热敏传感器

热敏传感器是利用粉尘颗粒对热传导的影响来实现浓度监测的传感器。其工作原理基于热传感器的电阻随环境温度变化而变化，当粉尘颗粒与热敏传感器接触时，会改变热传导路径，导致传感器的电阻发生变化。通过测量传感器的电阻变化，可以确定粉尘浓度的大小。热敏传感器通常由热敏电阻和信号处理电路组成，通过监测热敏电阻的变化，可以实现对粉尘浓度的准确监测。

2.数据传输装置工作原理

数据传输装置在工业监测系统中扮演着至关重要的角色，其工作原理和传输方式的选择直接影响着监测系统的性能和应用效果。一般而言，数据传输装置主要采用有线传输和无线传输两种方式。

有线传输通常通过电缆或网络连接将数据传输至监控系统。这种方式的优点在于稳定可靠，信号传输不易受到外界干扰，传输过程中数据完整性得以保障。然而，有线传输受到布线限制，特别是在监测点分布广泛或布局复杂的场景下，布线可能会增加成本和工程难度。

与有线传输相比，无线传输方式更具灵活性和便利性。无线传输利用各种无线通信技术（如 Wi-Fi、蓝牙、LoRa 等）将数据通过无线信号传输至监控系统。这种方式不受布线限制，可以灵活安装在需要监测的位置，因此适用于监测点分布广泛、布局复杂或需要临时监测的场景。然而，与有线传输相比，无线传输可能受到信号干扰、传输距离限制和安全性等方面的影响，需要在选择技术和设计网络时加以考虑。无论是有线传输还是无线传输，数据传输装置的选择应根据具体的监测需求、环境条件和预算限制等因素进行综合考虑。在工业监测系统中，通常会根据实际情况采用不同的传输方式，或者将有线传输和无线传输相结合，以实现监测数据的稳定、可靠和高效传输。

（二）实现方式

1.传感器监测

传感器监测是工业领域中最常见的在线监测方式之一，尤其在粉尘爆炸危险性评估和防护措施中发挥着重要作用。通过在工作环境的关键位置安装粉尘监测传感器，可以实现对粉尘浓度的实时监测和数据采集。这些传感器会连续地测量周围环境中的粉尘浓度，并将监测数据传输至监控系统，以便及时采取必要的安全措施。

传感器监测方式具有多项优点，其中包括实时性强和监测精度高等。首先，传感器能够实时、持续地监测粉尘浓度，及时捕捉到浓度异常变化，从而使企业能够及时做出反应，采取相应的应急措施，减轻潜在的安全风险。其次，传感器的监测精度较高，可以精确地测量粉尘浓度，为企业提供可靠的监测数据，有助于制定科学合理的安全管理措施。传感器监测方式适用于各类粉尘浓度监测场景，包括但不限于粉尘生产车间、粉尘仓库、粉尘输送管道等。无论是在工业生产过程中还是在仓储环境中，传感器监测都能够为企业提供及时有效地监测数据，帮助企业实现粉尘爆炸危险性的评估和管理。

2. 视频监测

视频监控作为一种间接的监测方式，在粉尘爆炸危险性评估和防护措施中具有独特的应用优势。该技术通过安装摄像头实时拍摄工作环境，并利用图像处理技术对拍摄的图像进行分析和识别，从而间接监测粉尘浓度和扩散情况。

虽然视频监测不直接测量粉尘浓度，但通过观察和分析视频图像中的粉尘扩散情况，可以间接推断粉尘浓度的变化趋势。例如，当粉尘在摄像头镜头中呈现较浓密的扩散现象时，可能意味着粉尘浓度较高；反之，若粉尘扩散情况较为稀疏，则可能表示粉尘浓度较低。通过这种方式，视频监测可以为工作环境中粉尘浓度的变化提供一种间接但有效的观察和监测手段。除了间接监测粉尘浓度外，视频监测还可以实现对工作环境中异常情况的实时监测和警报。通过设定预警规则和报警机制，监控系统可以对视频图像中出现的异常情况进行实时识别和报警，例如粉尘浓度突然升高或异常扩散等情况。这样，监控人员可以及时采取应对措施，避免潜在的安全风险。

尽管视频监控在监测粉尘浓度方面具有一定的局限性，但其作为一种间接监测方式仍然具有重要的应用价值。通过结合其他监测手段，如传感器监测等，可以更全面地了解工作环境中的粉尘情况，并及时采取相应的防护措施，保障工作场所的安全。

3. 远程监测

远程监测作为一种先进的监测方式，在粉尘爆炸危险性评估和管理中发挥着重要的作用。该技术利用远程传输技术，将监测数据传输至远程服务器或云平台，实现对粉尘浓度的远程监测和管理。

通过远程监测系统，用户可以随时随地通过网络访问监测数据，无需实时在现场，便可以进行实时监测、分析和报警。这种灵活的远程访问方式极大地提高了监测数据的实时性和可访问性，使监测人员可以迅速响应和处理潜在的安全风险。此外，远程监测系统还可以对监测数据进行远程分析和统计，为用户提供更加全面和深入的数据分析服务，帮助用户更好地了解工作环境中的粉尘浓度情况。在远程监测系统中，报警功能也是其重要的组成部分。一旦监测到粉尘浓度超过预设的安全范围，系统即可通过远程通信手段发送报警信息给相关人员，提醒他们采取必要的应对措施，防止潜在的安全事故发生。这种及时的报警机制可以帮助用户迅速发现和解决安全隐患，保障工作场所的安全。

二、报警系统的应用场景

（一）粉尘生产车间

粉尘仓库是用于储存粉尘的地方，通常是粉尘易燃易爆的潜在场所之一。在这种场所中，为了确保人员和设备的安全，通常会使用报警系统来监测粉尘浓度并在必要时发出警报。报警系统的传感器通常被布置在仓库的关键位置，包括入口、出口以及粉尘堆积较多的区域。

传感器的布置位置是关键的，因为这些地方可能是粉尘浓度变化最为显著的地方。通过在这些位置布置传感器，报警系统可以及时地监测到粉尘浓度的变化，并在粉尘浓度超过安全范围时发出警报。这种即时的响应可以帮助仓库管理人员及时采取必要的紧急措施，从而降低爆炸和火灾的风险。一旦报警系统检测到粉尘浓度超过安全范围，它会立即发出警报，通知仓库管理人员立即采取应急措施。这些措施可能包括及时通风以降低粉尘浓度、启动粉尘收集设备以减少粉尘堆积，或者采取其他措施以消除或减少爆炸和火灾的风险。

（二）粉尘仓库

粉尘仓库作为储存粉尘的场所，在工业生产和制造过程中扮演着重要角色。然而，由于粉尘的易燃易爆性质，粉尘仓库也是潜在的安全隐患所在。为了有效管理和应对这些潜在的风险，报警系统在粉尘仓库中的部署显得尤为重要。

在粉尘仓库中，报警系统的传感器通常会被布置在几个关键位置，其中包括仓库的入口、出口以及粉尘堆积较多的区域。这些位置被选定的原因是它们是粉尘浓度可能变化最显著的地方。通过在这些关键位置布置传感器，报警系统能够更加准确地监测粉尘浓度的变化情况。一旦报警系统监测到粉尘浓度超过了事先设定的安全范围，系统将会立即发出警报。这个警报通常会以声音、闪光等方式进行，以便能够迅速引起仓库管理人员的注意。一旦收到警报，仓库管理人员需要立即采取应急措施，以降低粉尘爆炸和火灾的风险。这些措施可能包括启动通风系统、降低粉尘浓度、采取防爆措施等。

（三）粉尘加工设备

粉尘加工设备在工业生产中扮演着重要的角色，但其操作过程中往往会产生大量的粉尘，因此也成了潜在的粉尘爆炸源。为了有效地管理和减少这种潜在的危险，报警系统在粉尘加工设备周围的部署显得尤为关键。

在粉尘加工设备周围，报警系统的传感器通常被布置在关键位置，以便及时监测粉尘浓度的变化。这些位置通常包括设备的进料口、出料口、操作区域等，因为这些地方是粉尘浓度变化最为显著的地方。通过在这些位置安装传感器，报警系统能够更加准确地感知粉尘浓度的变化情况。一旦报警系统监测到异常的粉尘浓度，系统将立即触发警报。这个警报通常会以声音、光闪等方式进行，以便能够迅速吸引操作人员的注意。一旦收到警报，操作人员需要立即采取相应的安全措施，以降低爆炸的风险。这些安全措施可能包括停机检修、加强通风、清理设备周围的积尘等。通过及时采取这些措施，可以有效地降低粉尘爆炸的风险，保障人员和设备的安全。

（四）粉尘输送管道

粉尘输送管道在工业生产中起着至关重要的作用，它连接了各个生产环节，是粉尘扩散的主要通道之一。然而，由于粉尘在管道中的输送过程中可能会引发粉尘浓度的变化，因此需要在管道的关键位置部署报警系统，以确保及时发现并应对潜在的安全风险。

在粉尘输送管道中，报警系统的传感器通常会被布置在一些关键位置，如管道的起始端、转弯处、连接点等，这些位置往往是粉尘浓度变化较为显著的地方。通过在这些位置安装传感器，报警系统能够实时监测粉尘浓度的变化情况，及时发现异常。一旦监测到粉尘浓度超过安全限值，报警系统将立即触发警报。这个警报通常会以声音、光闪等方式进行，以便能够迅速吸引相关人员的注意。一旦收到警报，相关人员需要立即采取紧急措施，以防止爆炸和火灾的发生。这些紧急措施可能包括停止粉尘输送、增加通风设备、清理管道等，以降低粉尘爆炸的风险。

第八章　新技术与新材料在粉尘爆炸防护中的应用

第一节　先进检测与监控技术

一、多元化检测手段的整合

（一）传感器融合

针对不同粉尘类型和环境条件，科研人员正致力于探索和开发多种传感器融合的技术，以实现更全面、准确的粉尘监测和防护。这种传感器融合的方法将不同类型的传感器相结合，利用它们各自的优势来弥补单一传感器的局限性，从而提高监测系统的性能和可靠性。

光学传感器、电化学传感器和热敏传感器是其中常用的传感器类型之一。光学传感器基于光散射或吸收的原理，能够实现对粉尘浓度的高灵敏度检测。电化学传感器利用粉尘与电化学反应产生的电信号来测量粉尘浓度，具有较高的灵敏度和稳定性。而热敏传感器则通过测量粉尘颗粒对热传导的影响来实现浓度监测，具有快速响应和简单实用的特点。将这些传感器融合在一起，可以在监测系统中形成一种多元化、综合性的监测手段。通过在关键位置布置多种传感器，可以实现对不同粉尘类型、不同环境条件下粉尘浓度的全方位监测。例如，在粉尘易爆场所或生产车间中，同时使用光学传感器、电化学传感器和热敏传感器，可以有效地监测到粉尘浓度的变化，并及时发出警报，提醒相关人员采取安全措施，从而降低事故发生的风险。

（二）综合监测系统

新一代的综合监测系统标志着粉尘爆炸防护领域的一项重大进步。这些系统将多种检测手段整合在一起，形成一个完整的监测网络，以应对复杂多变的工业环境和粉尘爆炸的潜在风险。综合监测系统的出现不仅仅是对传统监测技术的提升，更是对安全管理理念的创新和升级。

这种新一代的监测系统具有以下几个显著特点：一是，多种检测手段的整合。综合监测系统集成了光学传感器、电化学传感器、热敏传感器等多种传感器，以及温度、湿度等环境参数的监测装置。这种多元化的监测手段使系统能够全面、准确地监测粉尘浓度的变化，同时也可以及时掌握环境的温湿度等情况，为粉尘爆炸的预防提供全面的数据支持。二是，智能化的数据处理与分析。综合监测系统采用先进的数据处理技术，结合人工智能和大数据分析算法，对监测数据进行智能化处理和分析。系统能够实时监测、快速识别粉尘浓度异常，并根据预设的安全阈值发出警报，及时采取相应的措施，有效避免粉尘爆炸事故的发生。三是，远程监控与管理功能。综合监测系统通过互联网技术实现了远程监控与管理功能，使管理人员可以随时随地通过网络远程监测生产现场的情况。即使不在现场，管理人员也能够及时了解监测数据，作出相应的决策和调整，从而保障生产过程的安全稳定。

二、远程监测与智能化分析

（一）物联网技术应用

随着物联网技术的迅速发展，远程监测技术在粉尘爆炸防护中得到了广泛应用。传感器实时采集的监测数据通过物联网传输至云端服务器，实现了远程数据的存储和管理。结合云计算技术，监测数据能够被远程访问和处理，极大地提高了数据的利用效率和管理效率。物联网技术的应用使得监测系统能够实现实时监测和远程管理，为粉尘爆炸的预防提供了重要的技术支持。

（二）智能化报警系统

基于物联网技术和大数据分析，新一代的报警系统实现了智能化报警功能。通过对传感器采集的监测数据进行智能化分析和处理，系统能够自动识别异常情况，并根据预设的安全阈值发出警报。智能化报警系统具有更高的准确性和及时性，能够有效地预警粉尘爆炸的潜在风险，为工作人员提供了更加可靠的安全保障。

三、高灵敏度、快速响应的传感器

（一）传感器技术创新

1. 更高的灵敏度

采用先进的光学、电化学和热敏技术，使传感器在监测粉尘浓度时具有更高的灵敏度。这意味着传感器可以更精确地检测到微小粉尘颗粒的变化，提高了监测的准确性。通过灵敏度的提升，传感器能够更早地发现粉尘浓度的变化，为采取预防措施提供更充分的时间。

2. 更快的响应速度

新一代传感器具有更快的响应速度，能够实现几乎即时的数据采集和处理。这种快速响应能力使得系统能够更及时地发现粉尘浓度异常情况并做出响应。快速的响应速度对于在紧急情况下采取措施至关重要，可以最大程度地减少潜在的安全风险。

3. 高分辨率和稳定性

传感器采用先进的技术，具有更高的分辨率和更稳定的性能。这意味着传感器可以在更广泛的范围内监测粉尘浓度的变化，并保持长时间的稳定性。高分辨率和稳定性确保了监测数据的准确性和可靠性，为粉尘爆炸防护提供了可靠的数据支持。

（二）智能传感器网络

1. 自主学习和适应能力

智能传感器网络具有自主学习和适应环境变化的能力。通过不断地收集和分析环境数据，传感器网络能够自主优化监测参数和算法，以适应不同的工作环境和条件。这种自主学习和适应能力使得传感器网络能够在不同的情况下自动调整，实现对粉尘爆炸危险的及时响应和有效控制。

2. 智能化数据处理

智能传感器网络配备了智能化的数据处理系统，能够对监测数据进行实时分析和处理。通过与云端平台结合，传感器网络能够实现对大规模监测数据的智能化处理和管理。这种智能化数据处理系统可以识别和分析监测数据中的异常情况，并及时向相关人员发出警报，从而帮助防止粉尘爆炸事故的发生。同时，智能化数据处理还可以为粉尘爆炸防护提供更加全面和深入的数据支持，为决策提供科学依据。

第二节　新型防护材料与装备

一、新型防护材料的特点与优势

（一）耐高温、耐腐蚀

针对工业生产中常见的高温和腐蚀性环境，新型防护材料具备出色的耐受性，这是粉尘爆炸防护中至关重要的一环。在工业生产过程中，高温和腐蚀性物质往往会对设备和人员造成严重的危害，因此，使用能够抵御这些恶劣环境的材料至关重要。

这些新型防护材料在耐高温和耐腐蚀方面表现出色，能够长时间保持稳定性，不受外部环境的影响。在高温环境下，这些材料能够保持良好的物理和化学性质，不会因温度的变化而失去防护效果。同时，对于腐蚀性物质的侵蚀，这些材料也能够抵御并保持其完整性，不会因腐蚀而失去原有的防护功能。新型防护材料的耐高温和耐腐蚀性能，为工业生产中的设备和人员提供了可靠的保护。无论是在高温的熔炼车间还是在腐蚀性物质的处理场所，这些材料都能够有效地抵御外界的侵害，保障生产过程的安全性和稳定性。这种耐受性的提升，使得工业生产能够在更为恶劣的环境中进行，为生产效率的提高和生产成本的降低提供了有力的支持。

（二）阻燃性能

新型防护材料的良好阻燃性能在粉尘爆炸防护中扮演着关键的角色。这些材料能够有效地抑制火焰的蔓延，对于防止火灾事故的发生和扩散起到至关重要的作用。

在工业生产过程中，一旦发生火灾或爆炸事故，火焰的迅速蔓延往往会造成严重的人员伤亡和财产损失。因此，采用具有良好阻燃性能的新型防护材料对于提高火灾事故的应对能力至关重要。这些材料能够在火灾爆发后迅速抑制火势，阻止火焰的蔓延，从而减少火灾造成的损失。具有良好阻燃性能的新型防护材料通常采用高效的阻燃剂，能够在火灾发生时释放出抑制火焰的化学物质，形成防护层阻隔火势的扩散。这种防护层能够有效地防止火焰进一步蔓延，并降低火灾事故的严重程度。此外，这些材料本身也具备良好的自身阻燃性能，即使在火焰作用下也不易燃烧，从而更有效地保护设备和人员的安全。

（三）高强度、高韧性

新型防护材料所具备的高强度和高韧性是在粉尘爆炸防护中至关重要的特性。这些材料能够在面对外部冲击和挤压时表现出色，为设备和人员提供有效的保护，降低事故造成的伤害和损失。一是，高强度的防护材料能够承受一定程度的冲击力。在粉尘爆炸发生时，可能会伴随着爆炸冲击波的产生，造成周围设备和结构物受到冲击。采用高强度的防护材料可以有效地减轻这种冲击对设备的损害，保护设备的完整性，降低事故带来的损失。二是，高韧性的防护材料能够在受到挤压或变形时保持稳定。在粉尘爆炸发生后，可能会造成周围设备被挤压或变形，而高韧性的防护材料可以有效地吸收冲击能量，减少挤压造成的损坏，并保护设备的结构完整性。这种高韧性也有助于减少事故对人员的伤害，提高安全性。

二、新型装备在粉尘爆炸防护中的应用效果评价

（一）提高安全性

新型防护装备的应用对于提高工作场所的安全性具有显著效果。这些装备拥有更高的防护性能和更可靠的安全保障，可以有效地降低粉尘爆炸事故的发生概率，从而保障生产过程的安全稳定。一是，新型防护装备在粉尘爆炸防护中发挥了关键作用。传统的防护装备往往只能单一地监测或应对特定的安全问题，而新型装备通过整合多种监测技术和应急响应措施，提供了更全面、更有效的安全保障。例如，结合先进的传感器技术和智能化的监控系统，新型装备能够实时监测粉尘浓度、温度、湿度等关键参数，并在异常情况发生时迅速启动报警系统，及时采取应急措施，有效遏制事故的发生和扩散。二是，新型防护装备的应用可以加强对潜在危险的预警和管理。通过提前识别和预测可能存在的安全隐患，新型装备能够及时发出警报并采取相应措施，防止事故的发生或减轻事故造成的损失。例如，智能预警系统结合了人工智能和大数据技术，能够通过对历史数据和实时监测结果的智能分析，及时预测可能发生的粉尘爆炸风险，并提前采取预防措施，有效降低事故的风险和损失。三是，新型防护装备的应用还可以提升工作场所的安全管理水平。通过建立完善的监测系统和应急响应机制，新型装备能够加强对生产环境的监管和控制，提高管理人员对安全问题的警觉性和应对能力。这种集中监测和管理的模式有助于提高工作场所的整体安全性，为企业的安全生产和可持续发展提供坚实的保障。

（二）减少事故损失

新型装备在粉尘爆炸防护中的应用效果在减少事故损失方面发挥了重要作用。这些装备能够快速响应并有效应对突发情况，提高了事故处理的及时性和有效性，从而最大限度地减少了事故损失和对生产设备的损害。一是，新型装备的快速响应能力是减少事故损失的关键。传统的防护装备在事故发生后往往需要人工干预或存在反应时间较长的问题，而新型装备配备了智能化的监测系统和自动化的应急响应装置，能够实现对粉尘爆炸等突发事件的快速检测和响应。一旦发生异常情况，系统即可自动启动报警系统并采取预设的应急措施，最大程度地减少了事故的扩散和损失。二是，新型装备提高了事故处理的有效性。这些装备不仅能够及时发出警报，还能够根据事故类型和严重程度采取相应的措施，例如自动关闭相关设备、启动灭火系统等，有效地控制事故的蔓延和影响范围。同时，装备配备了智能化的数据处理系统，能够实时分析监测数据并提供应急处理建议，为管理人员的决策提供有力支持，从而提高了事故处理的效率和成功率。三是，新型装备的应用还能够最大限度地减少对生产设备的损害。通过提前预警和有效应对，新型装备能够防止事故造成严重的设备损坏或生产中断，保障了生产过程的连续性和稳定性。这对于企业而言意味着降低了维修和停产的成本，同时也提高了生产效率和利润率。

第三节　人工智能与大数据在粉尘安全管理中的应用

一、人工智能技术在粉尘爆炸安全管理中的应用前景

（一）智能监测系统

智能监测技术是一种应用人工智能（AI）技术的先进方法，可用于粉尘监测系统中，以实现对粉尘浓度、温度、湿度等参数的智能监测和分析。通

过利用深度学习等算法，智能监测系统能够自动识别和分析监测数据，从而快速准确地检测粉尘浓度异常、温度变化等情况，为粉尘爆炸的风险评估和管理提供有力支持。在智能监测系统中，智能传感器网络是关键组成部分之一。这些智能传感器被布置在设备周围或工作场所的关键位置，用于实时采集粉尘浓度、温度、湿度等参数的数据。传感器网络将这些数据传输到中央处理单元，通过人工智能算法进行智能分析和处理。例如，利用深度学习算法，系统可以学习并识别粉尘浓度异常的模式，以便及时发出预警信号。

另一个重要的组成部分是智能预警系统。基于人工智能技术和大数据分析，智能预警系统可以结合历史监测数据和实时监测数据，对粉尘爆炸的潜在风险进行智能预测。系统会根据预先设定的安全标准和规则，对监测数据进行实时监测和分析。一旦系统检测到异常情况，例如粉尘浓度超过安全范围或温度异常升高，系统将立即触发预警机制，向相关人员发送警报信息，提醒其采取必要的安全措施，以避免潜在的事故发生。智能监测系统的实现将极大地提高粉尘爆炸安全管理的效率和准确性。通过利用人工智能技术和大数据分析，系统能够及时发现并预测粉尘爆炸的潜在风险，提前采取措施进行干预，从而有效地保护人员的生命和财产安全。

（二）智能预测与诊断

1. 风险预测模型

风险预测模型是一种基于人工智能算法的预测工具，通过对历史监测数据的分析和建模，可以准确地识别生产过程中存在的潜在风险因素，并预测可能发生的粉尘爆炸事件。这些模型可以根据不同的生产场景和监测数据特点进行定制化设计，有效地提高预测的准确性和可靠性。通过风险预测模型，企业可以及时了解潜在的安全风险，有针对性地采取预防措施，保障生产安全。

2. 智能诊断系统

智能诊断系统是一种基于机器学习和深度学习技术的诊断工具，用于识别生产设备和工艺中的隐患和故障。通过对监测数据的实时分析和处理，智能诊断系统可以快速准确地检测到异常情况，并进行故障诊断。一旦系统检测到异常，就会自动触发诊断流程，利用预先训练的模型和算法，识别故障原因，并提供相应的解决方案。智能诊断系统能够帮助企业及时消除潜在的安全隐患，避免事故的发生，提高生产设备的可靠性和稳定性。

（三）智能决策支持

1.大数据分析

大数据分析技术可以应用于粉尘爆炸安全管理中，通过对海量的监测数据和历史数据进行分析，系统可以发现生产过程中存在的潜在风险和问题。基于数据挖掘和机器学习算法，系统可以识别出与粉尘爆炸相关的关键因素，并为管理者提供科学、合理的决策建议。例如，系统可以发现某些生产环节存在过高的粉尘浓度，或者某些设备存在潜在的故障隐患，从而提醒管理者及时采取相应的措施进行调整和修复，以降低事故的发生概率。

2.智能化管理系统

基于人工智能技术，可以建立智能化的粉尘爆炸安全管理系统，实现对生产过程的智能监控、预警和决策支持。这样的管理系统可以通过智能传感器网络实时监测粉尘浓度、温度、湿度等关键参数，并结合大数据分析技术进行数据处理和模式识别，及时发现潜在的安全隐患。当系统检测到异常情况时，可以自动触发预警机制，向管理者发送警报信息，提醒其采取相应的措施。同时，系统还可以为管理者提供智能化的决策支持，例如根据当前生产状态和历史数据推荐最佳的安全管理策略，帮助管理者及时调整生产计划和工艺流程，以确保生产安全和稳定。

二、大数据分析在粉尘安全管理中的作用与价值

（一）历史数据分析

通过对历史事故数据和生产过程数据的分析，我们可以深入了解粉尘爆炸事件的发生规律和趋势。这种分析不仅可以帮助我们更好地理解粉尘爆炸

的原因和影响因素，还可以为未来的预警和预测提供重要参考依据。一是，对历史事故数据的分析能够揭示粉尘爆炸事件的发生频率、地域分布、行业特征等方面的规律。通过对多个案例的比较分析，我们可以发现不同行业、不同地区在粉尘爆炸方面存在的共性和差异，进而识别出高风险区域和高风险行业，有针对性地采取预防措施。二是，生产过程数据的分析可以揭示粉尘爆炸事件与生产过程之间的关联性。通过对生产过程中粉尘浓度、温度、湿度等参数的监测和分析，我们可以发现与粉尘爆炸事件相关的关键因素，并建立模型进行预测和预警。这种基于数据的预测模型可以帮助企业及时发现潜在的安全隐患，采取相应的措施进行预防和控制。三是，历史数据分析还可以揭示粉尘爆炸事件的发生规律和趋势。通过对历史事件的时间序列分析，我们可以发现粉尘爆炸事件的季节性、周期性等规律性变化，为未来的安全管理提供参考依据。例如，某些行业在特定季节或特定工艺条件下更容易发生粉尘爆炸，因此可以采取针对性的措施进行预防和控制。

（二）实时监测与数据采集

利用传感器等设备实时监测粉尘浓度、温度、湿度等参数，并将监测数据实时上传到数据中心。这种实时监测系统可以通过在生产设备周围布置传感器网络来实现，这些传感器能够连续地、准确地采集环境中的粉尘浓度、温度、湿度等关键参数。这些数据通过网络传输至数据中心，进行实时处理和分析。

大数据分析技术在实时监测和数据采集方面发挥着关键作用。通过对实时监测数据的持续分析和处理，可以快速准确地识别潜在的安全隐患和异常情况。例如，系统可以设定阈值，一旦监测到粉尘浓度超过安全范围或温度异常升高等情况，即可自动触发预警机制，及时通知相关人员采取相应的措施，预防粉尘爆炸事故的发生。实时监测与数据采集系统的建立不仅可以及时发现潜在的安全风险，还可以提高生产过程的透明度和可控性。通过监测环境参数的变化，管理人员可以及时调整生产工艺和操作流程，降低粉尘爆炸的风险，保障生产安全和稳定。此外，实时监测系统还可以记录和存储历史监测数据，为后续的数据分析和管理决策提供重要参考依据。

（三）预警系统建立

基于大数据分析技术的粉尘爆炸预警系统的建立为安全管理提供了强有力的支持。该系统利用历史数据和实时监测数据，通过大数据分析算法自动识别潜在的风险和异常情况，并及时发出预警信号，以提醒相关人员采取必要的措施应对可能的安全威胁。

在预警系统的建立过程中，一是需要收集和整合大量的历史数据和实时监测数据。这些数据包括粉尘浓度、温度、湿度等关键参数的监测数据，以及过往粉尘爆炸事故的相关信息。通过对这些数据进行深入分析，可以识别出与粉尘爆炸相关的特征和模式，为预警系统的建立奠定基础。二是，预警系统需要建立预警模型和算法。这些模型和算法基于大数据分析技术，可以自动识别出异常情况，并根据事先设定的预警规则和阈值发出相应的预警信号。例如，当监测到粉尘浓度超过安全范围或温度异常升高时，系统将立即发出预警，通知相关人员采取应对措施，防范潜在的粉尘爆炸风险。三是，预警系统需要建立完善的响应机制和处理流程。一旦接收到预警信号，相关人员需要迅速响应，采取必要的措施以降低安全风险。这包括及时通知现场工作人员、启动应急预案、停止相关生产设备等。同时，系统还需要记录和存储预警事件的相关信息，以便事后进行分析和总结，进一步优化预警系统的性能和效率。

第九章　建筑工程安全管理与施工安全防护

第一节　建筑工程安全管理机构与安全管理人员设置

一、安全管理机构的设置

（一）建筑工程安全管理委员会

1. 主任

建筑工程安全管理委员会的主任通常由建设单位的高级领导或相关主管部门的领导担任。主任负责主持召开安全管理委员会会议，领导安全管理工作，对安全事务负有最终的责任和决策权。

2. 委员

建筑工程安全管理委员会的委员通常由安全管理、技术、监理、施工等相关部门的负责人担任。这些委员共同参与决策和执行委员会的安全管理职责，协调解决建筑工程安全管理中的问题，推动安全管理工作的落实和改进。

3. 职责

建筑工程安全管理委员会的主要职责包括制定和审批建筑工程安全管理制度、安全技术措施和应急预案，协调解决建筑工程安全管理中的重大问题，推动安全管理工作的落实和改进。该委员会在保障建筑工程施工安全、提高安全管理水平方面发挥着重要的作用。

（二）安全生产管理部门

1. 组成

建筑工程安全生产管理部门通常由具有相关专业知识和经验的安全管理

人员组成，包括安全管理主管、安全员、监督员等。他们负责具体的安全管理工作，确保建筑工程施工过程中的安全生产。

2.职责

安全生产管理部门的主要职责包括组织制定建筑工程安全管理制度和操作规程，负责安全生产监督检查、事故调查和安全教育培训等工作，监督施工现场的安全生产状况，及时发现和解决安全隐患，确保建筑工程安全生产工作的顺利进行。

（三）安全监理机构

1.人员构成

安全监理机构通常由具有安全监理资格证书的专业人员组成，包括安全监理工程师、安全监理员等。他们独立于建设单位和施工单位，对建筑工程的安全质量进行全面监督和评估。

2.职责

安全监理机构的主要职责是对建筑工程的安全管理进行监督和检查。他们负责发现并及时报告施工现场存在的安全隐患，协助建设单位和施工单位解决安全问题，保障建筑工程的安全施工和使用。

二、建筑工程安全管理人员

（一）安全管理人员

1.安全管理部门主管

安全管理部门的主管是负责建筑工程安全管理的核心人员，通常担任安全管理委员会的成员之一。他们负责领导和指导安全管理团队，制定安全管理策略和计划，监督安全管理工作的实施，确保建筑工程的安全生产。

2.安全员

安全员是建筑工程安全管理部门的基层管理人员，负责具体的安全管理工作。他们应当具备相关的安全管理知识和技能，负责制定和执行安全生产计划、安全操作规程，进行安全培训和教育，监督施工现场的安全状况，及时发现和处理安全隐患。

3. 监督员

监督员是建筑工程安全管理部门的重要组成部分，负责对施工现场的安全生产进行监督和检查。他们应当具备相关的安全监督和检查技能，负责发现和纠正违章行为和安全隐患，协助安全管理部门开展安全生产工作，确保施工现场的安全生产。

（二）安全技术人员

1. 安全技术员

安全技术员是建筑工程安全技术工作的专业人员，负责具体的安全技术工作。他们应当具备相关的安全技术知识和技能，负责制定和实施安全技术措施，进行安全技术评估和风险分析，参与安全技术方案的设计和优化。

2. 安全工程师

安全工程师是建筑工程安全技术工作的高级专业人员，通常具有较高级别的安全技术资格证书。他们负责领导和指导安全技术团队，制定建筑工程的安全技术方案和应急预案，协调解决安全技术问题，确保建筑工程的安全施工和使用。

（三）安全生产监督员

1. 安全生产监督员负责发现和纠正违章行为

在施工现场，可能存在违反安全管理规定和操作规程的行为，如未经许可的高空作业、违章搭建脚手架等。安全生产监督员通过巡查和检查，及时发现这些违章行为，并采取相应的措施进行纠正，以防止安全事故的发生。

2. 安全生产监督员负责发现和处理安全隐患

在施工现场，可能存在着各种安全隐患，如设备不合格、场地不整洁、消防设施不完善等。安全生产监督员通过对施工现场的全面检查，发现潜在的安全隐患，并及时采取措施处理，确保施工现场的安全生产。

3.安全生产监督员还负责及时处理和报告安全事故

如果发生安全事故，安全生产监督员需要立即采取应急措施，组织施救和处理工作，并及时向相关部门报告事故情况，以便及时调查事故原因、追究责任，并采取预防措施，防止类似事故再次发生。

第二节　建筑工程项目安全控制与管理

一、危险源的识别与标识

（一）建筑工程重大危险源的识别

1.高空作业

高空作业是建筑工程中常见的作业形式，它包括在高处进行的各种工作，如建筑物外墙的清洁、维修、高空脚手架的搭建与拆除、屋顶的施工等。高空作业所面临的主要风险包括坠落、滑倒、物体掉落等，因此需要特别重视安全防护措施。在高空作业中，工人必须佩戴安全带、安全帽等个人防护装备，并且需要经过专门的培训，了解正确的作业方法和紧急情况下的自救技能。此外，高空作业现场应设置警示标志和安全网，确保工人的安全。

2.电气设备

在建筑工程中，各种电气设备如电动工具、电焊设备等被广泛应用于施工过程中。然而，电气设备的不当使用可能引发触电、火灾等严重事故。为了确保电气安全，需要采取一系列措施，包括对电气设备进行定期检查和维护、保证设备接地良好、合理规划电路布置以及为操作人员提供相关培训。此外，在施工现场应设置明确的电气区域，并且禁止未经培训的人员接触电气设备，以降低事故风险。

3.施工机械

大型施工机械如吊车、塔吊、挖掘机等在建筑工程中扮演着重要角色，它们的操作安全直接影响到施工进度和工人的生命安全。因此，对施工机械的管理和操作培训显得尤为重要。在施工前，应对机械设备进行全面检查，确保其运行良好。操作人员必须具备相关证书，并接受专业培训，了解机械设备的操作规程和安全注意事项。此外，施工现场应设置明确的安全警示标志，避免人员闯入作业区域，以免发生意外。

4. 危险化学品

在某些建筑工程中，会使用到一些危险化学品，如油漆、溶剂等。这些化学品如果使用不当或泄漏可能对工人和环境造成严重危害。因此，在使用危险化学品时，必须严格遵守相关法律法规，采取有效的防护措施。首先，应尽量减少危险化学品的使用量，并选择替代品；其次，必须提供充足的通风设备，以确保室内空气清新；另外，操作人员应佩戴防护手套、护目镜等个人防护装备，并接受相关培训，了解危险化学品的性质和应急处理方法。

5. 高温、高处作业环境

在一些特殊的建筑工程中，存在高温、高压的作业环境，如炉石冶炼、高温混凝土浇筑等。这些作业环境对工人的生命安全和设备的正常运行都提出了极高的要求。为了保障安全，必须采取有效的防护措施。首先，要确保作业场所的通风良好，保持空气流通，减少高温对工人的影响；其次，必须提供符合规范的个人防护装备，如隔热服、防火面罩等；另外，对设备的选用和维护也至关重要，要确保设备能够在高温、高压环境下正常运行，避免发生事故。

（二）安全标识

在施工现场设置清晰明确的安全标识是预防事故的重要手段之一。安全标识应当根据实际情况设置，包括警示标志、禁止标志、指示标志等。这些标识应具备明确的含义，以提醒施工人员注意安全、遵守规定。例如，警示标志可用于标识施工现场的危险区域或危险设备，禁止标志可用于标识禁止通行或禁止操作的区域，指示标志可用于指示安全通道、应急设备的位置等。同时，安全标识的设置应符合相关法律法规的要求，并定期进行检查和维护，以确保其有效性和可靠性。

二、施工项目安全控制

在建筑工程领域，施工项目安全控制是确保整个施工过程中安全生产的关键环节。它涉及对施工现场、设备、人员等方面进行全面监控和控制，以最大程度地减少施工事故的发生。

（一）施工项目安全保证计划与实施

1. 安全目标

在施工项目安全保证计划中，确立明确的安全目标是确保施工安全的第一步。这些安全目标旨在为整个施工过程提供明确的指导和目标，以实现施工过程中零事故、零伤亡的目标。

安全目标应当具有以下特点：

（1）具体性

安全目标应当具有明确的指向性，包括对安全事件类型、频率和程度的具体描述。例如，减少事故频率至每月不超过一起，降低事故严重程度至所有事故均不超过轻伤等级。

（2）可量化性

安全目标应当可以通过具体的数据指标进行量化和评估，以便于监测和评估安全管理工作的实施效果。例如，设定每月安全巡查次数、安全培训人次等指标，用以衡量安全管理的成效。

（3）可行性

安全目标应当具备可实现性，能够在实际工作中得到有效落实。目标的设定应考虑到施工项目的实际情况和资源条件，避免过高的设定导致目标无法实现。

（4）挑战性

安全目标应当具有一定的挑战性，能够激励施工团队积极努力，不断提高安全管理水平。通过设定具有挑战性的安全目标，可以激发工作人员的责任感和使命感，推动安全管理工作向更高水平发展。

2. 安全责任

明确安全责任是施工项目安全保证计划中的关键内容之一。在安全责任方面，应当包括各级管理人员和施工人员在安全管理中的责任和义务，以确保每个人都对施工安全负有责任，并将责任落实到位。

安全责任应当包括以下内容：

（1）管理层责任

管理层应当承担全面的安全管理责任，包括制定安全政策和目标、提供必要的资源支持、建立健全的安全管理制度、组织开展安全培训和教育等。管理层应当充分重视安全工作，将安全放在项目管理的首位，确保安全管理工作得到有效执行。

（2）项目负责人责任

项目负责人是安全管理的主要责任人之一，应当负责制定和执行安全保证计划，组织协调安全管理工作，落实安全目标和责任要求，及时处理安全事故和隐患，保障施工现场的安全生产。

（3）施工人员责任

施工人员是施工现场的直接执行者，应当严格遵守安全规章制度，正确使用安全设备，积极参与安全培训和教育，发现安全隐患及时报告和处理，确保自己和他人的安全。

3. 安全措施

安全措施是施工项目安全保证计划的具体内容，其制定旨在应对可能出现的安全风险，减少事故发生的可能性和影响。安全措施应当包括以下方面：

（1）施工现场布置

合理布置施工现场，包括设置安全警示标志、划定施工区域、确保通道畅通、合理配置施工设备等，以减少施工现场的安全隐患。

（2）作业流程管理

规范施工作业流程，包括明确作业程序、合理安排作业时间、统一作业标准等，以确保施工作业的有序进行。

（3）安全设备配置

配备符合安全标准的安全设备，包括个人防护装备、安全工具、安全防护设施等，以保障施工人员的安全。

（4）应急预案制定

制定完善的应急预案，包括应急处置流程、人员疏散方案、应急救援措施等，以应对突发安全事件。

（三）施工项目安全控制措施

1. 施工现场管理

施工现场管理是施工项目安全控制的核心内容之一。应建立起严格的施工现场管理制度，包括施工区域划分、通道设置、物料堆放、危险源标识等，确保施工现场的整洁有序和安全无隐患。

2. 安全设备使用

施工过程中应配备符合安全标准的安全设备，并正确使用。例如，对于高空作业，应配备稳固的脚手架和安全带；对于电气作业，应使用绝缘工具和穿戴绝缘手套等。安全设备的选择和使用应符合相关法规和标准，以确保其有效性和可靠性。

3. 作业人员安全培训

对施工作业人员进行安全培训是保障施工安全的重要举措。培训内容应包括安全操作规程、应急处理方法、安全设备使用等，使施工人员充分了解施工中可能遇到的安全风险和应对措施，增强其安全意识和自我保护能力。

4. 应急预案和演练

建立健全的应急预案是应对突发事件的关键。应急预案应包括应急处置流程、人员疏散方案、应急联系方式等内容，并定期进行演练和检查，以确保在发生突发事件时能够及时有效地做出应对措施，最大程度地减少损失。

三、安全文明施工管理

（一）现场围挡与封闭管理

在施工现场设置围挡和进行封闭管理是预防施工现场事故向外蔓延的重要措施。围挡和封闭管理主要包括以下方面：

1. 围挡设置

围挡设置是指根据施工现场的实际情况，采用符合安全标准的围挡设施，对施工区域进行围封的措施。围挡设置应当考虑以下几个方面：

（1）安全标准

围挡设施应当符合相关的安全标准和规范要求，确保其稳固耐用、安全可靠。

（2）施工区域划分

根据施工现场的实际情况，对施工区域进行划分，明确围挡范围，防止施工范围外的人员随意进入。

（3）围挡材料

围挡材料应当具有一定的抗风、抗压能力，选择高强度的钢架、钢网、防护板等材料进行围挡，确保围挡的牢固性和安全性。

（4）警示标识

在围挡设置的周围设置明显的警示标识，提醒周围人员施工区域的存在，并提示他们注意安全，避免靠近施工现场。

2. 封闭管理

封闭管理是在施工现场周边设置封闭管理措施，确保施工现场的安全边界清晰明确，防止未经授权的人员进入。封闭管理的要点包括：

（1）围墙设置

在施工现场周边设置围墙或围栏，确保施工现场的安全边界清晰明确，防止外部人员越界进入施工现场。

（2）警示标志

在围墙或围栏上设置明显的警示标志，包括"施工现场，禁止闯入"等警示语，提醒周围人员注意安全，避免进入施工区域。

（3）监控设施

在围墙或围栏周围设置监控摄像头等监控设施，实时监测周边环境，及时发现和报警处理异常情况。

3.通行管控

通行管控是对施工现场的通行口进行严格管控，确保施工现场的出入口有序畅通，避免人员混乱和安全事故的发生。通行管控的关键包括：

（1）人员通行证管理

设立专门的通行证核验点，配备专人负责核验施工现场人员的通行证件，确保施工现场的进出人员经过合法授权。

（2）通行口设施

设置合适的通行口设施，如闸机、道闸等，控制施工现场进出口的通行流量，保证通行的有序性和安全性。

（3）交通引导

在通行口设置交通引导标志和警示标识，指示进出车辆和行人的通行方向，避免交通混乱和碰撞事故的发生。

（二）施工场地建设与安全控制

对施工场地进行合理的规划和建设是保障施工安全的前提。施工场地建设与安全控制主要包括以下方面：

1.排水系统

在任何施工项目中，建立完善的排水系统都是至关重要的一环。排水系统的设计和实施对于施工现场的安全和顺利进行具有至关重要的意义。排水系统的主要目的在于确保施工现场的排水通畅，有效地排除雨水和地下水，从而避免因雨水积聚而导致的安全隐患和施工中断。一是，排水系统的设计应该充分考虑施工现场的地理特征、地形地貌以及降水情况。针对不同地形和降水情况，采取相应的排水方案，确保排水系统的有效性和稳定性。排水系统的布置应当合理，覆盖整个施工区域，包括施工现场各个区域、施工道路和临时设施等，确保每个区域的排水畅通。二是，排水系统的构建需要选择合适的排水设施和设备。这些设施和设备包括排水管道、排水井、雨水篦、雨水口等，应当符合相关的技术标准和规范要求。排水管道的材质应当具有耐腐蚀、耐磨损、耐高压等特性，确保排水管道的使用寿命和排水效果。三是，排水系统的维护和管理也是至关重要的。在施工过程中，定期对排水系统进行检查和清理，清除堵塞和积水，确保排水通畅。特别是在降雨天气或者雨量较大时，应当加强对排水系统的监测和维护，及时处理排水系统可能出现的问题，避免因雨水积聚导致的安全事故和施工中断。四是，排水系统的设计和实施还应考虑环境保护和可持续发展的因素。在排水系统的设计和施工过程中，应当采取措施减少对周边环境的影响，避免污染和生态破坏。同时，可以考虑利用雨水资源，实施雨水回收和利用，提高水资源利用效率，促进可持续发展。

2.防火设施

在施工现场，设置符合安全标准的防火设施是确保施工安全的重要措施之一。这些防火设施包括消防栓、灭火器等，它们的存在可以及时应对突发火灾事件，保障施工现场的安全。一是，消防栓是施工现场防火设施中的重要组成部分之一。消防栓通常位于施工现场的重要位置，如施工区域的角落、建筑物附近等易燃区域。消防栓连接着消防水源，一旦发生火灾，消防栓可以提供足够的水压和水量，为灭火工作提供必要的支持。二是，灭火器也是施工现场常见的防火设施之一。灭火器通常分为干粉灭火器、二氧化碳灭火器等不同类型，用于扑灭初起火灾或者控制火势蔓延。在施工现场，应当根据实际情况合理设置灭火器，确保其覆盖面积和数量满足防火要求。三是，除了消防栓和灭火器外，还应考虑其他防火设施的设置，如火警报警系统、防火门等。火警报警系统可以及时发现火灾隐患，提前警示施工人员并报警求助；防火门可以阻止火势蔓延，有效隔离火灾现场，保护人员和财产安全。

3. 安全通道

在施工现场设置合理的安全通道和疏散通道是确保施工人员在紧急情况下能够迅速撤离施工现场的重要措施之一。这些通道的存在可以有效减少人员伤亡事故的发生，并提高施工现场的安全性。一是，安全通道是指在施工现场设置的用于日常通行的通道，其目的在于保障施工人员在工作时的安全。安全通道应当合理布置，宽度要足够，能够容纳多人通行，并且不受施工物料和设备的阻挡。通道两侧应清晰标识，确保施工人员能够清楚识别，并避免发生碰撞和意外。二是，疏散通道是指在紧急情况下用于人员疏散和撤离的通道，其设置需符合相关法规和标准。疏散通道应当设计合理，路径明确，保证通畅无阻，确保施工人员在火灾、爆炸等紧急情况下能够迅速撤离施工现场，降低人员伤亡风险。

（三）材料堆放安全

1. 规范堆放

在施工现场，规范堆放材料是确保施工安全和有序进行的重要环节之一。通过对施工现场的材料进行分类、标识，并根据材料的特性和数量合理堆放，可以确保堆放稳固、不易倾倒，有效降低因堆放不当而引发的安全风险。一是，对施工现场的材料进行分类是规范堆放的首要步骤。根据材料的种类、性质和用途，将材料进行分类划分，例如钢筋、水泥、砖块等，以便于后续的堆放管理和使用。二是，对各类材料进行明确的标识，有助于施工人员快速识别和取用所需材料，同时避免混淆和误用。标识内容可以包括材料名称、规格型号、生产日期等信息，确保信息准确可靠。

2. 分区管理

在施工现场进行分区管理是确保施工安全和有序进行的重要管理手段之一。通过对施工现场进行分区划分，明确不同区域的功能和使用要求，特别是对材料堆放范围进行明确界定，可以有效避免材料堆放混乱和交叉干扰，减少安全隐患的发生。一是，分区管理需要根据施工现场的实际情况和工程要求进行合理划分。可以根据施工进度、工序特点、材料种类等因素，将施工现场划分为不同的功能区域，如原材料堆放区、施工区、设备摆放区、通行通道等。每个功能区域都有其特定的用途和管理要求。二是，对不同功能区域的材料堆放范围和要求进行明确规定。根据各区域的特点和功能需求，确定相应的材料堆放范围和堆放方式，确保材料堆放有序、稳定、安全。例如，将易燃、易爆等危险材料单独划分到安全区域，并采取相应的防火、防爆措施；将新型材料放置在稳固的地面上，防止倾倒和滑落。三是，分区管理还需要做好各功能区域之间的界限标识和通道设置。通过设置清晰的界限标识和明确的通道布置，避免不同功能区域之间的交叉干扰和混乱，保证施工现场的通行畅通和安全。四是，分区管理需要做好日常巡查和管理工作。定期对各功能区域进行巡查和检查，及时发现和处理存在的问题和隐患，确保分区管理措施的有效实施。同时，对施工人员进行相应的培训和教育，增强他们的安全意识和管理能力，加大对分区管理的执行力度。

3. 定期检查

定期检查施工现场的材料堆放是确保工程安全顺利进行的重要环节之一。通过定期检查，可以及时发现和解决材料堆放区域存在的问题，有效预防事故的发生。在进行检查时，首先要注意对材料堆放的位置和高度进行评估，确保符合相关安全标准和规定。其次，需要检查材料堆放区域是否存在杂物和积水等问题，及时清理和排除隐患，以防止这些因素对施工安全造成不利影响。此外，还应注意材料堆放区域的周围环境，防止杂草等植物生长影响施工秩序和安全。定期检查的频率应根据实际情况进行调整，一般建议每周至少进行一次检查，以确保施工现场的安全和整洁。除了定期检查外，还应建立健全的记录和反馈机制，及时处理和跟踪检查中发现的问题，提高施工管理水平和效率。

（四）现场住宿管理

针对需要长期在施工现场工作的人员，需要建立合理的现场住宿管理制度。现场住宿管理包括以下方面：

1. 住宿条件

确保现场住宿条件符合卫生、安全要求是施工管理中的一项重要任务，其关注点主要涵盖宿舍的布局、通风、采光等因素，旨在保障施工人员的基本生活需求和提高工作效率。一是，宿舍的布局应合理，确保每位施工人员都能享有私密性和舒适性的住宿条件。合理的宿舍布局应考虑到床铺的摆放位置，行李的存放空间以及通道的宽度等因素，避免拥挤和混乱，为施工人员提供一个舒适、整洁的居住环境。同时，应根据施工人员的数量和性别特点合理规划宿舍的数量和大小，确保每位施工人员都能得到充分的休息和放松。二是，宿舍的通风和采光条件也至关重要。良好的通风条件能够及时排除室内的异味和潮湿，保持空气清新，有利于施工人员的健康和睡眠质量。而充足的采光则能够提高室内的明亮度，减少对人体视觉的影响，有助于提高施工人员的工作效率和舒适感。因此，在宿舍设计和装修时，应注重通风和采光系统的设置，合理安排窗户的位置和大小，确保室内空气流通畅通，阳光充足。除了宿舍的布局、通风和采光等方面，还应注意卫生设施和生活用品的配备情况。例如，宿舍应配备干净整洁的卫生间和洗浴设施，提供足够数量的热水供应，方便施工人员的日常生活。同时，还应提供基本的生活用品和设施，如床上用品、家具、衣柜等，确保施工人员的基本生活需求得到满足。

2. 安全防范

加强对住宿区域的安全防范是保障工地人员生命财产安全的关键举措。随着建筑施工规模的扩大和工地人员的增加，住宿区域的安全问题日益引起人们的关注。为此，采取一系列措施加强住宿区域的安全防范显得尤为重要。一是，加装防盗门窗是提升住宿区域安全的有效手段之一。防盗门窗具有较强的防破坏能力，能有效阻挡不法分子的入侵，为住宿区域的居民提供安全的居住环境。合理选择防盗门窗的材质和型号，结合实际情况进行安装，可以在一定程度上提高住宿区域的安全性。二是，安装监控摄像头也是加强住宿区域安全防范的有效手段之一。监控摄像头可以实时监测住宿区域的情况，及时发现异常行为和安全隐患，并通过录像功能提供证据支持，有助于打击盗窃和其他违法犯罪行为，提高住宿区域的安全防范能力。同时，对监控摄像头的摆放位置和监控范围进行合理规划和设计，可以最大程度地提高监控效果。除了加装防盗门窗和安装监控摄像头外，还可以采取其他措施进一步加强住宿区域的安全防范。比如加强对住宿区域的巡逻和监管，建立安全管理制度和应急预案，加强对工地人员的安全教育和培训等。这些措施的实施不仅可以有效预防盗窃和其他安全事件的发生，还可以增强工地人员的安全意识和自我保护能力，为保障工地人员的生命财产安全提供坚实保障。

（五）现场防火

施工现场的防火工作是确保施工安全的至关重要的一环，其中包括火灾隐患排查、明火管理和电气设备安全等方面。一是，火灾隐患排查是防火工作的重要组成部分。定期对施工现场进行火灾隐患排查，是及时发现和解决潜在火灾隐患的关键。在排查过程中，需要重点关注施工现场可能存在的火源、易燃易爆物品、电气设备等，并采取相应的措施进行整改和清除，以确保施工现场的安全。例如，要确保易燃物品的储存和使用符合规定，防止火源直接接触易燃物品；要保持通道畅通，避免堆放杂物阻碍逃生通道等。二是，明火管理是防火工作中的重要环节之一。严格控制施工现场的明火，是预防火灾事故的有效措施之一。禁止在施工现场吸烟、乱扔烟蒂等行为，是防止火灾的基本要求。此外，还应加强对施工现场用火的监管，确保用火行为符合安全规定，并配备必要的灭火设备和消防器材，以便在发生火灾时及时扑救。三是，电气设备安全也是防火工作中需要重视的方面。定期检查和维护施工现场的电气设备，是防止因电气故障引发火灾的重要举措。要确保电气设备的安装符合相关安全标准，设备运行稳定可靠；要定期进行设备的检查和维护，及时处理发现的电气隐患，确保施工现场的电气安全。

（六）施工现场治安综合治理

1. 人员管理

加强对施工现场人员的管理和监督是确保施工安全和秩序的重要举措。在建筑施工过程中，为了有效控制人员进出施工现场、防止外部人员非法闯入，建立健全的人员管理制度至关重要。一是，建立健全的人员出入登记制度是管理施工现场人员的基础。通过登记制度，可以详细记录每位人员的身份信息、进入和离开时间，实现对人员出入的全面监控和管理。登记制度应包括登记点设置、登记内容、登记人员、登记时间等方面的规定，确保登记流程的规范和完整。二是，严格控制人员进出施工现场是确保施工安全的关键措施之一。在实际操作中，应设置专门的出入口，配备专职人员负责检查和登记进出人员的信息，并对进出人员进行身份核实和安全检查，杜绝非法人员进入施工现场的可能性。此外，还应配备必要的安全设施和监控设备，加强对出入口的监控和巡逻，确保施工现场的安全和秩序。三是，加强对施工现场人员的培训和教育也是人员管理的重要内容之一。施工现场人员应接受相关安全培训，了解施工现场的安全规定和操作流程，增强安全意识和自我保护能力。定期组织安全会议和演练，加强对施工现场安全管理制度的宣传和落实，提高施工人员的安全素养和遵守规章制度的意识。

2.安全巡查

加强对施工现场周边环境的巡查和治安维护工作是保障施工安全的重要举措。施工现场周边环境的安全状况直接关系到施工工人的生命财产安全以及施工进度的顺利进行。因此，开展安全巡查和治安维护工作显得尤为重要。一是，安全巡查是及时发现施工现场周边环境安全隐患的有效手段。通过定期巡查施工现场周边环境，可以发现可能存在的危险因素和安全隐患，如交通拥堵、施工材料堆放不当、违章建筑等，及时采取措施加以整改和处理，确保施工现场周边环境的安全与稳定。二是，治安维护工作是保障施工现场安全秩序的重要环节之一。在施工现场周边设置治安维护岗位，配备专业的治安巡逻人员，加强对周边环境的巡查和监控，防止盗窃、抢劫等违法犯罪行为的发生。同时，要加强与当地公安机关和社区治安力量的联动合作，建立起有效的信息共享机制和紧急应急处置机制，共同维护施工现场的安全秩序。除了定期巡查和治安维护工作外，还应加强对施工现场周边环境的整治和环境治理工作。通过加强环境整治，清理乱搭乱建、违规占道经营等违法行为，改善周边环境的整体安全状况，提升施工现场的安全保障能力。

（七）施工现场标牌

1. 安全规定

在施工现场设置标牌是确保施工安全的重要措施之一。标牌的设置能够明确施工现场的安全规定和禁止行为，提醒施工人员时刻注意安全，并强调遵守相关规章制度的重要性。这一举措不仅有助于减少事故的发生，还能够增强施工现场的安全意识和管理效率。一是，通过设置标牌可以明确施工现场的安全规定。标牌上可以清晰地标注施工现场的安全警示信息，如"注意高空作业""穿戴安全帽""严禁吸烟""禁止违章停车"等，使施工人员清晰了解施工现场的安全要求，减少因不了解规定而造成的安全事故。二是，设置标牌可以明确施工现场的禁止行为。标牌上可以明确标注禁止施工现场的各种危险行为，如"禁止翻越围栏""禁止乱堆乱放""禁止私自操作机械设备"等，提醒施工人员避免危险行为，减少安全事故的发生。除了明确安全规定和禁止行为外，设置标牌还可以提醒施工人员注意安全。标牌上可以配有生动形象的图标和文字描述，直观地提示施工人员应该如何做以保障自身安全，增强他们的安全意识，形成良好的安全习惯。

2. 应急电话

在施工现场设置应急电话标识是保障施工安全和紧急情况下及时报警求助的重要举措之一。通过设置应急电话标识，可以为施工人员提供施工现场的应急联系方式，方便他们在紧急情况下迅速联系到相关部门或机构，及时获得援助和支持，最大限度地减少事故损失。一是，设置应急电话标识有助于增强施工现场的安全意识。在施工现场的明显位置设置应急电话标识，可以让施工人员随时注意到，并了解施工现场的应急联系方式。这种及时提醒能够增强施工人员对安全的重视，培养他们的安全意识，使他们在面临紧急情况时能够迅速做出正确的应对和反应。二是，设置应急电话标识可以提高应急处置的效率。在施工现场设置应急电话标识后，一旦发生紧急情况，施工人员可以直接拨打应急电话，迅速报警求助。相关部门或机构接到报警后能够及时响应，并派遣专业人员前往现场处理，有效遏制事态发展，减少事故损失，保障施工现场的安全。三是，设置应急电话标识还可以提高施工现场的应急响应能力。通过将应急电话标识设置在显眼的位置，确保施工人员能够迅速找到，并在紧急情况下及时联系到相关部门或机构。这样一来，施工现场的应急响应能力得到有效提升，能够更加有效地处理突发事件，保障施工现场的安全和稳定。

3. 施工区域划分

在施工现场进行区域划分是保障施工安全和提高工作效率的关键措施之一。通过标明不同施工区域的划分，可以明确施工作业区域和通行区域，有效防止人员越界作业和交叉干扰，提高施工现场的安全性和有序性。一是，明确施工作业区域的划分是施工现场管理的重中之重。施工作业区域是指用于施工作业和操作的特定区域，应根据工程进度和施工需要进行合理划分。在施工作业区域内，应明确标识作业区域的边界和范围，设置相应的安全标识和警示标识，提醒施工人员注意安全，避免发生意外事故。同时，根据施工工艺和安全要求，合理设置作业区域的通道和安全通道，确保施工作业的顺利进行。二是，明确通行区域的划分也是施工现场管理的重要环节之一。通行区域是指用于人员和车辆通行的区域，应确保通行畅通、安全有序。在施工现场内，通行区域通常包括行人通道、车辆通道和应急通道等。为了防止人员越界作业和交叉干扰，应在通行区域的入口处设置明显的警示标识和安全提示，提醒人员注意通行区域的划分和安全规定，避免误入施工作业区域。三是，对施工区域的划分还应考虑施工工序的特点和安全风险的分布情况。根据施工工序的需要，合理划分施工现场的不同区域，确保施工流程的顺利进行。同时，根据施工现场的实际情况，采取必要的安全措施和管理措施，保障施工区域的安全和稳定。

（八）施工现场的卫生与防疫

1. 定期清洁

定期清洁和消毒施工现场是维护施工现场卫生和保障施工安全的重要举措之一。定期清洁不仅能够清除施工现场的垃圾和积水，还能够有效预防细菌和病毒的滋生，保持施工现场的清洁卫生，为施工人员提供一个安全、舒适的工作环境。一是，定期清洁施工现场有助于清除垃圾和积水，减少安全隐患。在施工现场，垃圾和积水往往会成为绊倒和滑倒的主要原因，严重影响施工人员的工作效率和安全。因此，定期清洁施工现场，清除垃圾和积水，是防止施工现场意外事故发生的重要措施之一。二是，定期消毒施工现场能够有效预防病菌和病毒的传播。在特殊时期，如疫情期间，施工现场往往是人员聚集的地方，容易成为病菌和病毒传播的场所。通过定期消毒施工现场的地面、设备和工具等，可以有效杀灭病菌和病毒，减少疾病传播的风险，保障施工人员的健康安全。三是，定期清洁还有助于提高施工现场的整体形象和环境质量。施工现场的清洁程度直接关系到项目的形象和公司的声誉。通过定期清洁施工现场，保持施工现场的整洁和美观，不仅能够提升施工现场的整体形象，还能够增强施工团队的凝聚力和归属感，提高工作效率和质量。

2. 健康监测

　　加强对施工人员的健康监测和防护措施是维护施工现场安全和保障施工人员健康的重要举措。定期检查施工人员的健康状况，发现异常并及时采取相应措施，可以有效预防因健康问题引发的意外事故，保障施工人员的身体健康和工作安全。一是，加强健康监测能够及时发现施工人员的健康问题。通过定期体检和健康评估，可以全面了解施工人员的身体状况，及时发现潜在的健康风险和问题。例如，可能存在的慢性疾病、职业病或其他健康隐患等，都可以通过健康监测及时识别，采取相应的预防和治疗措施，保障施工人员的身体健康。二是，加强健康监测有助于提高施工现场的安全防护水平。施工人员的身体健康状况直接关系到施工现场的安全性和稳定性。通过定期检查施工人员的健康状况，可以及时发现存在健康问题的人员，并根据其健康状况调整工作安排或提供相应的防护措施，减少健康问题对施工作业的影响，确保施工现场的安全。三是，加强健康监测还有助于增强施工人员的健康意识和自我保护能力。通过定期的健康检查和健康教育，可以增强施工人员对健康的重视，增强他们的健康意识，学习相关的健康保护知识和技能，增强自我保护能力，有效预防健康问题的发生。

3. 防护措施

提供必要的个人防护装备并加强防护培训对于维护施工人员的健康和安全至关重要。个人防护装备，如口罩、手套等，是保护施工人员免受有害物质和环境影响的重要工具。口罩能有效阻挡空气中的颗粒物和细菌，减少呼吸道感染的风险；手套则可以降低接触有害物质对皮肤的刺激和伤害。通过提供必要的个人防护装备，可以有效降低施工人员在工作中受到的伤害和健康风险。除了提供个人防护装备外，加强对施工人员的防护培训同样至关重要。防护培训可以增强施工人员的防护意识和自我保护能力，使其能够正确使用个人防护装备，并学会识别和应对潜在的健康风险和安全隐患。通过培训，施工人员可以了解到不同工作环境下的危险因素和防护要求，学习相关的安全操作规程和应急处理措施，提高应对突发情况的能力和应变能力。同时，加强防护培训还可以促进施工人员之间的沟通和合作，形成良好的安全文化和工作氛围。在培训过程中，施工人员可以相互交流经验和观点，共同探讨安全防护的重要性和方法，增进彼此之间的信任和合作，形成共同关注安全、共同维护安全的共识和行动。

第三节　建筑施工安全防护

一、建筑施工安全防护设施

（一）安全帽

1. 作用与必要性

安全帽是建筑施工现场不可或缺的重要个人防护装备之一。其作用主要在于保护施工人员的头部，使其免受来自坠落物、碰撞等意外伤害的危害。在建筑施工现场，尤其是在存在吊装物品、施工材料或工具等从高处可能坠落的风险的情况下，安全帽的重要性尤为突出。一是，安全帽能有效地减轻或避免高处坠落物体对施工人员头部造成的伤害。在施工现场，吊装作业、楼层搭建、高空作业等都可能引发高处坠落的风险。这些坠落物体可能是吊装绳索松脱、施工材料掉落、工具失手等导致的，一旦发生坠落，其对施工人员头部的打击力会造成严重的伤害，甚至危及生命。而佩戴安全帽可以有效地缓解坠落物体的冲击力，保护施工人员的头部免受伤害。二是，安全帽也扮演着预防碰撞伤害的重要角色。在繁忙的施工现场，施工人员之间可能因为工作需要、操作失误或者交通堵塞等原因导致碰撞事故的发生。而佩戴安全帽可以为头部提供一层保护屏障，减轻碰撞时对头部的冲击，降低受伤的概率。尤其是在狭窄空间、机械作业区域或者人员密集的场所，安全帽的作用更为显著。三是，安全帽的作用不仅仅局限于个人防护，也是施工单位对施工人员安全保障的体现。在现代建筑施工中，安全管理已成为一项重要的法定要求，施工单位有责任确保施工人员的人身安全。因此，要求施工人员佩戴安全帽不仅是对个人安全的关注，也是对施工现场整体安全管理的重视。

2. 标准要求与选购建议

合格的安全帽需要符合国家相关标准的要求，这是确保安全帽质量和性能的关键。一是，安全帽应当符合国家标准所规定的抗冲击性能指标。这些指标包括安全帽在一定高度下受到特定冲击力时的保护能力，以及对头部的保护范围和深度等。只有符合这些标准的安全帽才能够有效地保护施工人员头部免受伤害。二是，安全帽的材料和结构也至关重要。在选购时，需要确保安全帽采用的材料符合相关标准要求，并具备良好的抗冲击性能。一般来说，安全帽的外壳应采用高强度的工程塑料或者复合材料制成，内部衬垫则应选用柔软且具有吸附能力的材料，如聚苯乙烯泡沫等。此外，安全帽的结构设计也应合理，确保能够有效地分散和吸收冲击力，保护头部免受伤害。除了抗冲击性能外，安全帽的舒适性也是选购时需要考虑的重要因素之一。施工人员通常需要长时间佩戴安全帽，因此安全帽的舒适度直接影响着施工人员的工作效率和舒适感。在选购时，需要注意安全帽是否具备良好的透气性和通风性，以及是否采用了人体工程学设计，能够有效减轻佩戴时的压力和不适感。另外，安全帽应能够灵活调整大小，以适应不同头部尺寸的施工人员，从而确保佩戴的舒适性和稳定性。

3. 使用与维护要点

施工人员在建筑施工现场应始终佩戴安全帽，这是确保施工人员头部安全的重要措施。特别是在高空作业、机械作业等高风险区域，佩戴安全帽更是必不可少的防护措施。安全帽能有效地减轻或避免坠落物、碰撞等意外事件对施工人员头部的伤害，起到了重要的保护作用。然而，仅仅佩戴安全帽是不够的，定期检查和维护安全帽同样至关重要。安全帽在长时间的使用过程中可能会出现各种问题，例如外壳磨损、内衬松动、扣环损坏等。这些问题如果不及时发现和处理，会影响安全帽的防护效果，增加施工人员遭受伤害的风险。因此，定期对安全帽进行检查是十分必要的。

安全帽的维护工作包括外观检查和功能检测。外观检查主要是检查安全帽的外壳是否有裂纹、变形或者磨损等情况，以及内衬是否完好无损。功能检测则包括对安全帽的抗冲击性能进行测试，检查安全帽是否能够有效地吸收和分散冲击力。同时，还应检查安全帽的调节系统是否灵活可靠，能够有效地调整大小以适应不同头部尺寸的施工人员。对于损坏或过期的安全帽，应及时予以更换，以确保施工人员的人身安全。一般来说，安全帽的使用寿命一般为 2~3 年，过了使用期限的安全帽可能会失去原有的防护性能，因此应及时更换。此外，如果在使用过程中发现安全帽出现了明显的损坏或者质量问题，也应立即停止使用并更换新的安全帽。

（二）安全带

1. 防坠落功能与操作规程

安全带作为防止施工人员坠落的关键个人防护装备，在建筑施工现场具有不可替代的重要作用。正确佩戴安全带并将其牢固地固定在安全点上，是有效预防坠落事故发生的关键步骤。安全带的防坠落功能主要体现在以下几个方面：一是，安全带通过正确佩戴，将施工人员与安全绳牢固地连接在一起。在施工现场进行高空作业时，施工人员将安全带固定在安全点上，与安全绳相连接，形成了一个可靠的安全系统。一旦发生意外情况导致施工人员失去平衡或坠落，安全带将承担起承载施工人员重量的作用，防止其坠落到地面造成伤害。二是，安全带能够在施工人员坠落时提供及时的缓冲和减速效果。通过正确佩戴安全带并与安全绳连接，施工人员在坠落时安全绳会产生一定的张力，从而减缓施工人员的下坠速度，减少冲击力，有效降低了施工人员坠落造成的伤害程度。三是，安全带还能够在施工人员坠落时将其固定在安全位置，防止其进一步坠落或撞击其他物体。安全带的正确使用能够有效地限制施工人员的活动范围，避免其因坠落而受伤或造成其他事故。为了确保安全带的防坠落功能发挥最大作用，施工人员应严格按照相关操作规程进行操作。首先，施工人员在进行高空作业前应接受专业的安全培训，了解正确佩戴和使用安全带的方法。其次，施工人员在佩戴安全带时应确保其正确穿戴，包括正确固定腰带、调整肩带长度等。同时，安全绳的正确连接也至关重要，应确保安全绳与安全带的连接牢固可靠，避免出现松动或脱落的情况。

2. 选择与质量保证

在选择安全带时，必须充分考虑施工现场的实际情况和作业要求，以确保安全带的质量可靠，并能够承受预期的工作负荷。一是，安全带的选择应当符合国家相关标准和规范，以确保其质量和性能达到要求。在购买安全带时，施工单位应选择具有良好声誉和专业制造经验的厂家或供应商，购买经过认证的产品，以确保安全带的质量可靠。此外，还应考虑安全带的适用范围和功能，根据施工现场的具体情况选择适合的类型和规格的安全带。例如，在不同高度和作业环境下，可能需要不同类型的安全带，如全身式安全带、腰部式安全带等，以满足不同作业要求。二是，为了保证安全带的质量可靠，施工单位应加强对安全带的质量管理和监督。在安全带的使用过程中，施工单位应建立健全的安全管理制度，制定相关的安全操作规程和标准，明确安全带的使用要求和注意事项。同时，施工单位还应定期对安全带进行检查和测试，确保其各个部件的功能完好，不出现损坏或磨损等情况。对于发现的问题，应及时进行修复或更换，以确保安全带的使用效果和安全性。三是，施工人员在高处作业时，应严格遵守安全操作规程和要求，正确使用安全带。

在佩戴安全带时，施工人员应确保其正确穿戴，包括正确固定腰带、调整肩带长度等。同时，在连接安全带和安全绳时，也要确保连接牢固可靠，避免出现松动或脱落的情况。此外，施工人员还应接受相关的安全培训和教育，增强安全意识和操作技能，增强对安全带的正确使用和维护意识，确保自身安全。

（三）安全网

1.高空坠落防护作用

安全网作为防止高空坠落事故的关键防护装置，在建筑施工现场发挥着重要的作用。其主要功能是接受和缓冲坠落物体的冲击，从而保护施工人员和周围设备的安全。在高空作业区域，施工人员可能因工具、材料或其他物体的意外坠落而受到伤害，安全网的应用能够有效地减轻甚至消除这些伤害的可能性。一是，安全网能够有效地接受坠落物体的冲击。在施工现场，由于吊装作业、机械作业等因素，高空坠落物体的风险较高。安全网作为一种柔性的防护装置，能够迅速接受坠落物体的冲击，并将其有效地缓冲和分散，减轻其对施工人员和设备的冲击力。这种缓冲作用可以有效地保护施工人员不受坠落物体的直接伤害，降低事故发生后的损害程度。二是，安全网能够防止坠落物体继续向下坠落，避免二次伤害的发生。一旦坠落物体被安全网接受并缓冲，安全网能够将其阻挡在高空，防止其继续向下坠落，从而避免了可能对施工人员、设备或周围环境造成的二次伤害。这种作用不仅可以保护施工人员的安全，还能减少施工现场的财产损失和环境污染。三是，安全网还能够提高施工现场的整体安全水平。安全网的应用能够有效地预防高空坠落事故的发生，减少施工现场的安全隐患，增强工人的安全意识和注意力，促进施工作业的有序进行。通过降低事故发生的可能性，安全网为施工单位和施工人员提供了一个安全的工作环境，有助于提高工作效率和质量。

2.安装布置与维护要点

安全网作为一种重要的防护装置，在建筑施工现场起着至关重要的作用。安全网的安装布置需要根据施工现场的实际情况进行合理规划，以确保覆盖范围和安装位置能够覆盖整个施工区域。首先，需要对施工区域进行全面的调查和评估，确定可能存在坠落风险的区域和高空作业区域。然后，根据施工区域的具体情况和坠落风险的分布，合理确定安全网的布置方案，确保能够有效覆盖施工现场的所有高空作业区域和可能存在坠落风险的区域。在安装安全网时，需要严格按照相关标准和规范进行操作，确保安全网的张力和承载能力符合要求，安装位置和连接方式牢固可靠，以及安全网的覆盖范围能够覆盖整个施工区域，确保施工人员的安全。

除了安装布置外，定期检查和维护安全网也是确保其功能完好的重要环节。安全网关使用过程中可能会受到各种因素的影响，例如风雨侵蚀、长时间暴露在阳光下导致老化、网孔被堵塞等，这些都可能影响安全网的防护效果。因此，需要定期对安全网进行检查和维护，发现问题及时修复或更换受损部件，确保安全网的功能完好。检查内容包括安全网的张力、承载能力、连接件的牢固度、网孔的畅通情况等，确保安全网能够在发生坠落事故时起到有效地防护作用。

最后，施工人员在使用安全网时，应严格遵守相关操作规程和安全注意事项，保证安全使用。施工人员在高处作业时应始终将安全网作为主要的防护装置，并在操作前接受专业的安全培训和指导，了解安全网的正确使用方法和注意事项。在使用过程中，应注意避免对安全网造成损坏或破坏，确保其功能完好。同时，施工人员还应定期检查安全网的状态，如发现问题应及时报告并进行处理，确保安全网的有效性和可靠性，最大程度地保障施工人员的人身安全。

二、安全防护管理

（一）基坑支护防护

基坑支护是建筑基坑工程中确保施工安全的重要环节，直接关系到工程施工的顺利进行和施工人员的人身安全。在进行基坑支护时，需要综合考虑基坑的深度、土质特征以及周围环境等因素，选择合适的支护结构以确保工程的安全稳定。

一种常见的基坑支护结构是钢支撑系统，它包括钢支撑柱、水平支撑梁和斜撑等部件。钢支撑系统具有较强的承载能力和稳定性，能够有效地支撑基坑边坡，防止塌方和坍塌事故的发生。此外，还有深基坑支撑系统等其他支护结构可供选择，具体应根据工程的实际情况进行合理选择。

在进行基坑支护时，必须严格遵守相关的安全规程和标准。首先，应在基坑边缘设置明确的安全警示标志，提醒施工人员和周围行人注意基坑边坡的危险性。同时，应设置围栏或警示线，防止人员误入基坑区域，减少意外伤害的发生。此外，施工人员在基坑附近作业时，必须佩戴好个人防护装备，如安全帽、安全带等，并严禁单独作业或站立在基坑边缘，以确保自身安全。

定期检查和维护基坑支护结构也是确保基坑工程安全的重要措施之一。施工单位应定期对支护结构进行检查，发现问题及时修复或更换，确保其稳定性和可靠性。同时，应密切关注基坑周围环境的变化，及时采取相应的安全措施，防止意外事故的发生。

（二）楼梯口、电梯井口安全防护

楼梯口和电梯井口作为施工现场的高空坠落危险区域，必须进行有效的安全防护，以确保工人和其他人员的安全。在施工现场，设置固定的防护栏杆或安全网是常见且有效的防护措施，可以有效地封闭这些危险区域，防止人员坠落。一是，对于楼梯口和电梯井口，应设置足够高度和强度的防护栏杆。这些栏杆应具备足够的高度，能够有效地阻挡人员的坠落，防止其意外跌落到下方的空间或楼层。同时，防护栏杆的材料和结构应具备足够的强度和稳定性，能够承受意外冲击或者压力，确保其在紧急情况下不会倒塌或者变形。二是，设置防护栏杆时，必须确保其固定牢固，不存在松动或者倾斜的情况。松动的防护栏杆会减弱其阻挡坠落的能力，增加坠落事故的风险。因此，在安装防护栏杆时，应使用坚固的固定装置，确保其与地面或建筑结构牢固连接，不会因为外力作用而移动或者摇晃。三是，防护栏杆的间距也是需要考虑的重要因素。栏杆之间的间距应符合相关标准要求，以防止小物体或者儿童意外落入井口或楼梯口，造成意外伤害。合适的间距能够有效地防止意外事故的发生，保障施工现场的安全。

对于施工人员来说，在接近楼梯口和电梯井口时，必须格外注意安全，并采取必要的防护措施。他们应当严格遵守施工现场的安全规程和操作规范，佩戴好个人防护装备，如安全帽、安全带等，确保自身安全。同时，在工作中要保持警惕，避免因疏忽大意而发生意外事故。

（三）通道安全防护

在施工现场，通道的安全防护至关重要，能有效地确保通道的畅通和行人的安全。通常情况下，通道或通道两侧都应设置明确的标识和防护栏杆，以防止行人误入施工区域，减少意外发生的可能性。一是，防护栏杆是保障通道安全的重要设施之一。这些栏杆应具有足够的高度和强度，能够有效地阻挡人员的进入。高度适当的栏杆可以防止人员意外跌落或误入施工区域，从而有效地减少意外事故的发生。此外，栏杆的材料和结构也需要具备足够的强度，能够承受外部力量的作用，确保其稳定性和可靠性。二是，设置防护栏杆时，应确保其固定牢固，松动或倾斜的栏杆可能会减弱其阻挡作用，增加意外事故的风险。因此，在安装防护栏杆时，应采用可靠的固定装置，确保栏杆与地面或建筑结构之间紧密连接，不会因外力作用而移动或摇晃。三是，栏杆之间的间距也需要合理设置，以防止小物体或儿童意外落入通道。栏杆之间的间距应符合相关标准要求，防止意外伤害的发生。通过合适的间距设置，可以有效地保障通道的安全，确保通道畅通无阻。对于施工人员来说，在通道附近作业时，必须严格遵守施工现场的安全规定，特别是注意行走安全。他们应当避免在通道上作业，尽量选择安全的工作区域，确保自身安全。

（四）阳台楼板屋面等临边安全防护

阳台、楼板和屋面等临边区域是施工现场中的高风险区域，存在坠落和跌落的危险。因此，在施工过程中，必须设置固定的防护栏杆或安全网，确保这些临边区域得到有效地封闭和保护。防护栏杆应具有足够的高度和强度，能够阻挡人员的误入或坠落。在设置防护栏杆时，应注意其固定牢固，不能存在松动或者倾斜的情况。同时，防护栏杆的材质和规格应符合相关标准要求，以确保其稳固可靠。施工人员在临边作业时，必须严格遵守安全操作规程，佩戴好安全帽、安全带等个人防护装备，并且注意脚下安全，避免发生坠落和跌落事故。

（五）施工用电防护

阳台、楼板和屋面等临边区域在施工现场中被视为高风险区域，由于其易发生坠落和跌落事故，因此必须采取有效的安全防护措施。其中，设置固定的防护栏杆或安全网是一项重要且有效的措施，以确保临边区域得到有效地封闭和保护，防止人员误入或坠落。一是，防护栏杆在临边区域的设置至关重要。这些栏杆应具有足够的高度和强度，能够有效地阻挡人员的误入或坠落。适当高度的栏杆可以有效地限制人员的行动范围，减少跌落的风险。此外，栏杆的材质和规格也需要符合相关标准要求，确保其稳固可靠，不会因外力作用而倾斜或松动。二是，设置防护栏杆时，必须确保其固定牢固。松动或倾斜的栏杆会减弱其阻挡作用，增加坠落事故的风险。因此，在安装栏杆时，应采用可靠的固定装置，确保栏杆与地面或建筑结构之间紧密连接，不会因外力作用而移动或摇晃。三是，施工人员在临边区域作业时，必须严格遵守安全操作规程，佩戴好个人防护装备，如安全帽、安全带等。同时，他们还应该注意脚下安全，避免发生坠落和跌落事故，确保自身和他人的安全。

（六）施工用电安全防护

施工人员在操作电气设备时，应佩戴符合要求的绝缘手套、绝缘靴等个人防护装备，避免直接接触带电部件，确保施工现场的电气安全。在进行电气设备维修或故障排除时，必须先切断电源，并且由专业人员进行操作。禁止在带电状态下进行维修或者改装电气设备，以免发生触电事故。对施工现场的电气设备应定期进行检查和维护，确保其安全可靠。发现异常情况应立即停止使用，并及时进行维修或更换，以确保施工现场的电气安全。

（七）脚手架安全防护

搭设脚手架时，应按照相关标准和规范进行搭建，并设置固定的防护栏杆、安全网等设施，防止施工人员从高处坠落。脚手架的搭建必须由经过专业培训的人员进行，并且定期进行检查和维护。在使用脚手架时，施工人员必须严格遵守相关操作规程，禁止在脚手架上堆放杂物或者超载作业，确保脚手架的稳固和安全。施工人员在脚手架上作业时，应佩戴好安全帽、安全带等个人防护装备，避免发生坠落事故。同时，应注意脚下安全，避免在脚手架上奔跑或者跳跃，确保自身和周围人员的安全。

三、建筑施工事故处置

（一）事故识别

1. 迅速响应和应对

建筑施工现场事故的识别和迅速应对是保障施工现场安全的首要任务。一旦发生事故，施工管理人员和安全监督人员必须立即到达现场，全面了解事故情况，并采取必要的处置措施，以确保现场安全秩序。他们需要主动观察周围环境，寻找异常迹象，如意外噪音、异常震动或异常气味等，这些往往是事故发生的先兆。

2. 发出紧急警报和撤离现场

一旦发现事故，应立即向现场其他人员发出紧急警报，通知他们立即停止工作并撤离事故现场。同时，应立即拨打事故应急电话，呼叫救援人员前来处理。这些措施的迅速实施可以最大程度地减少事故造成的损失，并保护现场工人的生命安全。

3. 冷静判断和控制事态

在识别事故的过程中，施工管理人员和安全监督人员必须保持冷静，迅速判断事故的严重程度，并采取必要的措施控制事态发展，确保事故不会进一步扩大或对其他人员造成伤害。这可能涉及现场的紧急疏散、物资的封锁或其他防范措施。

（二）伤害急救

1.配备充足的急救设施和人员

建筑施工现场应配备充足的急救设施和急救人员，以应对意外伤害的发生。这包括但不限于急救箱、急救车、AED（自动体外除颤器）等。急救人员应具备相关的急救技能和知识，能够迅速、准确地进行急救处理。

2.迅速进行现场急救和送医治疗

一旦发生施工事故造成人员伤害，应立即进行急救处理。急救人员应根据伤者的具体情况，采取正确的急救措施，如止血、包扎、人工呼吸等，以最大程度地减轻伤者的痛苦并保障其生命安全。同时，应及时将伤者送往医院救治，确保受伤者能够得到及时有效的医疗救治。

3.通知医院并提供必要信息

在进行急救处理的同时，应当通知医院提前做好伤者接诊的准备工作，并及时向医院报告伤者的伤情和需求，以便医院能够做出及时有效的救治措施。这包括伤者的身份信息、伤情描述、可能的急救措施已经实施情况等。

（三）事故调查与报告

1.开展专业的事故调查工作

发生建筑施工事故后，必须及时展开事故调查工作，以查明事故原因和责任，并制定相应的整改措施。事故调查工作应由专业的事故调查组组织和实施，以确保调查结果的客观、准确。

2.编制详尽的事故调查报告

事故调查报告应详尽记录事故的发生过程、造成的损失以及事故原因分析等内容。报告应当客观公正，不夸大事实，也不隐瞒真相，以便为后续事故预防和处理提供参考依据。

3.及时采取整改措施和报告

根据事故调查报告的结果，施工管理人员应及时采取相应的整改措施，消除事故隐患，避免类似事故再次发生。同时，应向相关部门上报事故调查报告，配合相关部门开展事故责任追究和处理工作，确保事故得到妥善处置。

参考文献

[1] 徐占金，王毅 . 露天煤矿粉尘危害与起尘机理及其治理措施 [J]. 内蒙古煤炭经济，2022（14）：3.

[2] 李德文，赵政，郭胜均，等 . "十三五"煤矿粉尘职业危害防治技术及发展方向 [J]. 矿业安全与环保，2022（004）：49.

[3] 王旭东 . 煤矿粉尘的危害及井下除尘技术研究 [J]. 农家参谋，2019（18）：181.

[4] 王迪 . 露天煤矿粉尘危害与起尘机理及其治理措施 [J]. 内蒙古煤炭经济，2022（14）：148-150.

[5] 虞汝思，赵潇，刘莹，贾婷 . "十三五"煤矿粉尘职业危害防治技术及发展方向 [J]. 黑龙江环境通报，2022，35（3）：72-74.

[6] 张小良，李浩，刘婷婷，等 . 工业企业的粉尘防爆调查研究 [J]. 应用技术学报，2019，19（1）：31-34.

[7] 李安 . 论粉尘爆炸预防与电气防爆的措施 [J]. 化工管理，2020（15）：63-64.

[8] 刘红俊 . 粉尘爆炸预防与电气防爆措施浅析 [J]. 化工安全与环境，2017（31）：15-16.

[9] 刘韦 . 浅谈石化企业中的电气防爆问题 [J]. 百科论坛电子杂志，2020（10）：105.

[10] 冯晓美，崔楚凝，张轩鸣，等 . 粉尘爆炸及防护措施研究进展 [J]. 山东化工，2022，51（12）：204-206.

[11] 汪和宝 . 大型搪瓷反应釜粉末投料时防静电火花爆炸的技术研究 [J]. 机械工程师，2014，45（3）：197-198.

[12] 张江石,孙龙浩.分散度对煤粉爆炸特性的影响[J].煤炭学报,2019,44(4):1154-1160.

[13] 黄波,解维伟,朱书全,等.低挥发分水煤浆的制备及燃烧特性研究[J].矿业科学学报,2016,1(1):82-88.

[14] 曹卫国,黄丽媛,梁济元,等.球形密闭容器中煤粉爆炸特性参数研究[J].中国矿业大学学报,2014,43(1):113-119.

[15] 裴蓓,徐梦娇,韦双明,等.甲烷/石墨粉与甲烷/煤粉爆炸特性对比研究[J].化工学报,2022,73(10):4769-4779.

[16] 刘静平,焦枫媛,刘毅飞,等.点火延时对褐煤煤粉爆炸火焰传播过程的影响[J].中北大学学报(自然科学版),2022,43(6):536-540.

[17] 罗振敏,刘荣玮,程方明,等.煤尘爆炸的研究现状及发展趋势[J].矿业安全与环保,2020,47(2):94-98.

[18] 汤其建,戴广龙,秦汝祥.氮气气氛受热煤低温氧化与自反应试验研究[J].中国矿业大学学报,2021,50(5):992-1001.

[19] 夏芝香,岑建孟,唐巍,等.热解温度对2种煤在流化床中热解产物的影响[J].动力工程学报,2015,35(10):792-797.

[20] 吴洁,狄佐星,罗明生,等.N2气氛下温度和压力对煤热解的影响[J].化工进展,2019,38(增1):116-121.